Julia Steinbrecher

# KOMMUNIKATION UND KÖRPERSPRACHE

*Bei der Arbeit mit Pferden*

Julia Steinbrecher

# KOMMUNIKATION UND KÖRPERSPRACHE

*Bei der Arbeit mit Pferden*

Die besten Übungen und Tipps für einen respektvollen Umgang

riva

# INHALT

*Kapitel 1*

# WILD UND FREI – ÜBER MICH

# WER SIND WIR?

Als Kind ritt ich heimlich die Ponys meiner Mutter ein, später lernte ich klassische Dressur und entdeckte dann zufällig meine Liebe zum Westernreiten. Heute arbeite ich am liebsten ganz frei und trete mit meinen Pferden in Filmen und Shows auf. Für alle, die mich noch nicht kennen: Ich heiße Julia, wurde im August 1997 geboren und wohne im wunderschönen Oberbayern.

Die Liebe zum Westernreitsport wurde früh bei mir geweckt, 2017 bin ich sogar für das deutsche Team bei der Weltmeisterschaft in der Reining

*Julia mit Vanilla, Paquito, Wally und Gainesville (von links)*

gestartet. Mit meinen Quarter Horses konnte ich schon einige große sportliche Erfolge feiern, so waren wir Deutsche Vizemeister und Vizeuropameister. Als ich für meine Turnierpferde eine Alternative zum Sport suchte, kam ich zur Freiarbeit und zum Tricktraining, was uns sehr viel Spaß macht. Auch das freie Reiten ohne Trense und Sattel hat mich schon immer fasziniert. Bereits im frühen Kindesalter habe ich unsere Minis komplett frei eingeritten. Meine Mama züchtet seit über 20 Jahren professionell Minipferde. Mit unseren Pferden wurde in Deutschland das Zuchtbuch für die Rasse American Miniature Horses eröffnet, und unser Hengst A F Ivy Toro war der erste in Deutschland gekörte Miniaturpferdehengst und somit Gründerhengst dieses Zuchtbuches. Mit unseren Minis waren wir schon auf vielen namhaften Shows und Messen, unter anderem bei *OLI's Wilde Welt, TV total,* Diana Eichhorn.

Die Pferdeliebe wurde mir quasi in die Wiege gelegt, da auch meine Eltern schon ihr Leben lang reiten. Bevor ich laufen konnte, haben mich meine Eltern bereits mit aufs Pferd genommen. Ich habe keine Geschwister, aber ich hatte von klein auf alle möglichen Tiere, die ich liebte wie meine Geschwister. Von Meerschweinchen über Hühner bis hin zur Ziege war alles dabei. Mit den Pferden meiner Eltern habe ich schon als Kind die Pferdesprache gelernt.

Mein erstes Pony bekam ich mit drei Jahren, ein Shetty namens »Mogli«. Mogli war mein bester Lehrmeister in Sachen Durchsetzungsvermögen und Sattelfestigkeit. Als typisches Shetlandpony hatte er seinen eigenen Kopf und warf mich mehrfach ab. Auf der Suche nach einem Kumpel für Mogli stieß meine Mutter auf American Miniature Horses, die optisch aussehen wie Großpferde im Miniformat. Diese edlen Minipferde gefielen ihr als Dressurreiterin und Warmblutfan natürlich sehr.

*Julia mit ihrer Mutter Conny und Mogli, ihrem ersten Pony*

Da ihre Suche in Deutschland und selbst Europa erfolglos blieb, nahm sie Kontakt zu Züchtern in den USA auf. So erfuhr sie von einer Zuchtauflösung und konnte einen Hengst und drei Stuten importieren. Das war der Beginn unserer Minipferdezucht.

Da ich im Laufe der Jahre natürlich gewachsen bin, suchten wir nach einigen Jahren ein etwas größeres Reitpony. Zunächst durfte ich die Dressurpferde meiner Mama reiten, die jedoch für mich als Kind einfach riesig waren. Meine Beine haben kaum über den Schabrackenrand gereicht. Dennoch war ich mit Mamas Stute bei unserem ersten Dressurturnier in der Klasse E und A gleich vorne platziert. Da ich im Pferdefieber war und unbedingt mehr reiten wollte, Mogli aber zu klein und die Dressurpferde zu groß waren, um sie allein satteln und trensen zu

*Julia und die Dressurstute „Piaff"*

können, haben wir uns zunächst nach einem Deutschen Reitpony umgesehen. Diese Suche war jedoch kompliziert.

Letztlich habe ich mich dann in einen Isländer-Mix verliebt, der vor dem Schlachter gerettet wurde. Er lebte auf dem Westernhof meiner Freundin, und so begann meine Karriere im Westernreiten. Ich war sofort fasziniert von den Westernpferden und wusste: So möchte ich auch reiten! Die Leichtigkeit und Feinheit haben mich begeistert.

Zunächst startete ich auf Westernturnieren im Allroundbereich: Trail, Horsemanship, Pleasure, Showmanship und auch Superhorse. Doch schon bald merkte ich, dass mich die Reining am meisten reizt. Diese Prüfung wird im Galopp geritten, und es werden unterschiedliche

*Julia mit Wally beim Turnier als Bayerischer Meister*

*Julia mit Wally in der Reining*

Manöver abgefragt: Galoppwechsel, Rückwärts, Rollback, Sliding Stops und Spins. Als ich 15 war, kam dann mein absolutes Traumpferd »Wally«, Walla Walla Wimpy, zu mir.

Ich schaffte es schnell in den deutschen Bundeskader Reining der Jungen Reiter. Wally und ich wurden Deutsche Vizemeister (FN) in der Reining. Wir konnten uns auch bei der Europameisterschaft der Quarter Horses den Vizeeuropameistertitel in der Reining sichern, worauf ich besonders stolz bin. Nach einigen Sichtungsturnieren haben wir uns für die Weltmeisterschaft qualifiziert und durften für das deutsche Team an den Start gehen. Das war ein unglaubliches Erlebnis.

»Sparky«, Spark N Fog, sollte Wallys Nachfolger werden. Mein Wunsch war es immer, mit einem jungen Pferd gemeinsam zu lernen. Wir kauften ihn dreijährig und ich arbeitete ein halbes Jahr mit ihm an den Basics. Ein Jahr später, als er vier Jahre alt war, gaben wir ihn in Profiausbildung, um die Reiningmanöver zu festigen. Bereits nach vier Wochen in einem Toptrainingsstall war er »über die Uhr gedreht«, unreitbar und ist nur noch gestiegen. Fassungslos holten wir Sparky zurück zu uns. Durch Sparky habe ich angefangen, mich intensiv mit dem Thema Freiarbeit zu beschäftigen. Ich wollte eine gemeinsame Kommunikationsbasis schaffen, denn an Reiten war erst mal nicht zu denken. Nach wenigen Wochen fand ich mit Sparky durch die Freiarbeit und viel gemeinsame Zeit einen tollen Weg. Ich konnte langsam wieder beginnen, ihn ohne Sattel im Schritt zu reiten. Auch das weitere Training baute ich spielerisch auf. Wenige Wochen später war er wieder normal reitbar und hatte auch wieder Spaß an der Arbeit. Parallel entdeckte ich meine Liebe zu Freiarbeit und Tricks und damit auch eine Möglichkeit, die Minipferde zu beschäftigen.

Da ich noch viel mehr Freiarbeit machen wollte, meine Pferde in den Offenstall sollten und dies an einem großen Pensionsstall schwer umsetzbar war, entschieden wir, Wally und Sparky zu uns nach Hause zu holen. Hier wohnten bisher nur die Minis und das alte Dressurpferd meiner Mama. Wally und Mamas Pferd waren sofort beste Freunde, doch zwischen Wally und Sparky spielte der Faktor Neid von Anfang an eine große Rolle. Bereits im Pensionsstall war es nicht möglich, Wally und Sparky nebeneinander in Boxen zu halten, da sie dort sogar die Bretter heruntergetreten haben. Um die beiden aneinander zu gewöhnen, arbeitete ich mit ihnen frei am Boden und lernte so die Freiarbeit mit mehreren Pferden kennen.

Nach der Schule begann ich eine Ausbildung zur Bankkauffrau, für mich war klar, dass die Pferde mein Hobby bleiben sollten. Doch immer noch zog es mich regelmäßig raus in den Stall. Wollte ich wirklich mein Leben lang Bankkauffrau bleiben? Noch während meiner Ausbildung begann ich, Videos meiner Pferde in den sozialen Medien zu teilen und ihnen Tricks beizubringen. 2017 wurden wir für unser erstes Filmprojekt gebucht, was mir viel Spaß gemacht hat. Nach der Ausbildung studierte ich Communications & Marketing Management in München, um einen weiteren Abschluss in der Tasche zu haben. Parallel zum Studium machte ich mich im Bereich Tiertraining für Filmdrehs und Shows sowie Social Media selbstständig. Dann kam der Lockdown, und ich verbrachte sehr viel Zeit zu Hause bei meinen Pferden statt in meiner Studentenstadt – die Vorlesungen fanden nur noch online statt, und ich hatte extrem viel Zeit für meine Pferde. Sogar mein Auslandssemester an einer Universität in Dublin verbachte ich in Bayern bei Fernvorlesungen. Die Nachfrage nach meinen Tieren für Filmdrehs stieg, und auch meine Social-Media-Kanäle wuchsen weiter. Noch während meines Studiums habe ich den Trainer C im Westernreiten (FN) gemacht, da ich mich danach voll auf meine Tiere konzentrieren wollte.

Während des Lockdowns hatte ich Zeit, meinen Pferden weitere Tricks beizubringen und sie in der Freiarbeit auszubilden. Das meiste habe ich mir selbst beigebracht, aber ich durfte auch viel von dem bekannten Showreiter Laury Tisseur lernen. Inzwischen trete ich mit meinen Minis und den Großpferden auf Shows, Messen oder Turnieren auf. Außerdem haben meine Pferde und Ponys schon bei Filmdrehs wie zum Beispiel dem *Immenhof*-Kinofilm, *Reiterhof Wildenstein* und vielen mehr mitgespielt. Heute arbeite ich hauptberuflich mit meinen Tieren.

## Meine Showpferde

Meine Pferdeherde hat sich seither vergrößert, und neben den rund 15 Minis leben vier Quarter Horses und ein Welsh-Mix bei mir zu Hause. Meine Showpferde stelle ich euch im nächsten Kapitel in kurzen Steckbriefen vor.

### Wally – der Wunderschöne

**Name:** Wally
**Geschlecht:** Wallach
**Rasse:** Quarter Horse
**Farbe:** Palomino
**Größe:** 1,52 Meter
**Geburtsdatum:** 28.3.2009

Wally ist mein absolutes Traumpferd. Als ich 15 Jahre jung war, hat er seinen Weg zu mir gefunden. Mit ihm war es definitiv Liebe auf den ersten Blick. Wally war zarte vier Jahre alt und kam ursprünglich aus Amerika, gefunden haben wir ihn in Österreich. Er ist mittlerweile tiefenentspannt und ein absolutes Verlasspferd, bei dem man aber genau hinschauen muss. Er zeigt Stress nicht offen und wird nervös, sondern frisst ihn lange in sich hinein, bis er dann explodiert. Mit ihm habe ich angefangen, frei zu reiten und ihm Tricks beizubringen, als Ausgleich zum Turniersport. Er liebt es, ohne Sattel und Zaum geritten zu werden. Beim Filmdreh ist das Abrufen über Hunderte Meter Wallys Spezialität.

## Sparky – der Träumer

**Name:** Sparky
**Geschlecht:** Wallach
**Rasse:** Quarter Horse
**Farbe:** Palomino
**Größe:** 1,49 Meter
**Geburtsdatum:** 11.4.2014

Sparky ist ein wahrer Träumer! Ihn habe ich durch einen absoluten Zufall kennengelernt, auch in ihn habe ich mich sofort verliebt, da er so aussieht wie mein geliebter Wally! Sparky sollte mein Nachwuchspferd für Westernturniere werden, doch er hatte andere Pläne. Da er nach dem Profiberitt kaum noch reitbar war, habe ich mit ihm komplett bei null mit Boden- und Beziehungsarbeit angefangen. Wir gingen viel spazieren und verbrachten forderungsfreie Zeit miteinander. Durch die Freiarbeit haben wir eine tolle Möglichkeit der gemeinsamen Kommunikation gefunden, sie macht uns beiden viel Spaß. Sparky ist eher extrovertiert und lernte schnell Zirkustricks wie das Abliegen. Beim Film hat er schon mehrfach kranke oder verletzte Pferde gespielt, wobei er komplett flach liegen musste. Eine große Herausforderung für ein Fluchttier, doch Sparky vertraut mir in solchen Situationen absolut. Leider hat er sich im Jahr 2020 beim Bocken im Roundpen schwer verletzt, und trotz bester Versorgung durch Klinik, Tierärzte und Reha ist seine Zukunft noch ungewiss und er ist weiter im Krankenstand. Wir hoffen sehr, dass er bald wieder gesund wird, aber eines steht fest: Egal, was passiert, Sparky wird für immer bei uns bleiben. Er ist ein sehr lebenslustiges Pferd. Wenn er schläft, schnarcht er so laut, dass ich es im Haus höre.

## Gainesville – der Zarte

**Name:** Gainesville
**Geschlecht:** Wallach
**Rasse:** Quarter Horse
**Farbe:** Brauner
**Größe:** 1,58 Meter
**Geburtsdatum:** 16.3.2015

Nachdem sich Sparky schwer verletzt hatte, waren wir auf der Suche nach einem neuen Showpferd für mich. Gainesville habe ich in Italien entdeckt, bei ihm war es keine Liebe auf den ersten, sondern auf den zweiten Blick. Dafür liebe ich ihn jetzt umso mehr! Er ist mein sensibelstes Pferd und möchte immer alles richtig machen. Zunächst war es mit ihm und Wally extrem schwierig, da Gainesville schreckliche Angst vor Wally hatte. Das besserte sich durch viel gemeinsame Zeit und gemeinsame Erlebnisse. Bei seiner ersten Messe, der Equitana 2023, durfte ich beim Abend der Liberty Stars auftreten. In einem Showbild namens »Western meets Dressage« zeigten wir zusammen mit Emilia Schlotterbeck klassische Dressur und Westernreiten im Vergleich. Da Gainesville sehr rittig ist, konnte ich ihn gut am Halsring ausbilden und frei reiten. Jetzt beginne ich mit ihm die Freiarbeit am Boden.

## *Paquito* – der Frechdachs

**Name:** Paquito
**Geschlecht:** Wallach
**Rasse:** Welsh-Mix
**Farbe:** Brauner
**Größe:** 1,10 Meter
**Geburtsdatum:** 27.11.2011

Paquito kommt ursprünglich aus Spanien, ich entdeckte ihn im Internet auf einer Verkaufsplattform. Er hat in seiner Vergangenheit bereits eine harte Schule durchlebt. Ich war nicht auf der Suche nach einem Pferd, aber ich habe mich sofort in ihn verliebt, unverhofft kommt eben oft. Es dauerte noch vier Jahre, bis es der Zufall wollte und ich ihn schließlich kaufen konnte – dieses Pony wollte definitiv zu mir. Hat man Paquito auf seiner Seite, ist er ein Genie. Er springt Einerwechsel in der Freiarbeit, hat einen spektakulären Spanischen Schritt und einen tollen gesetzten Galopp. Er ist mein klügstes, und aber auch frechstes Pferd und ein wahrer Entfesselungskünstler: Lässt man ihn unbeaufsichtigt am Putzplatz stehen, zieht er sich ganz heimlich und geschickt das Halfter aus. Auch beim Hängerfahren zieht er sich regelmäßig alles aus. Paquito ist der beste Buddy von Wally.

## *Bobby* – der Verspielte

**Name:** Bobby
**Geschlecht:** Wallach
**Rasse:** Quarter Horse
**Farbe:** Dunkelbrauner
**Größe:** 1,50 Meter
**Geburtsdatum:** 5.3.2019

Bobby ist mein Pferd für die Zukunft. Er kam mit drei Jahren zu mir und hat mich durch seinen tollen Charakter und seine ehrliche Art sofort überzeugt. Noch dazu ist er einfach bildhübsch! Er ist ruhig, verschmust, offen und neugierig. Auch fürs Westernreiten bringt er tolle Veranlagungen mit und soll mein Nachwuchspferd fürs Turnier werden. Später möchte ich ihn auch gerne als Showpferd ausbilden. Ich bin gespannt, was die Zukunft für uns bringt.

## Duke – der Gentleman

**Name:** Duke
**Geschlecht:** Hengst
**Rasse:** Mini-Partbred
**Farbe:** Rapp-Volltiger
**Größe:** 0,78 Meter
**Geburtsdatum:** 1.5.2016

Duke kam 2020 als Deckhengst zu uns an den Stall. Wir hatten ihn anfangs nur für die Zucht ausgeliehen, doch er zog mich sofort in seinen Bann. Sein Charakter ist einfach großartig und stets gutmütig. Seine außergewöhnliche Erscheinung trifft auf einen einzigartigen Charakter. Duke ist nicht nur wunderschön, sondern auch ein wahrer Gentleman. Besonders gefreut hat mich, dass ich wenige Monate später die Chance bekam, ihn zu kaufen. Jetzt gehört auch er zu unserer Familie. Er wird zusammen mit Stuten und Fohlen gehalten. Nachdem ich ihn gekauft hatte, fing ich direkt mit Freiarbeit und Tricks an, und er lernte extrem schnell. Jetzt ist er mein bestes Show-Mini! Er hat viel Freude in der Freiarbeit und ist sehr intelligent. Er tritt sogar frei zusammen mit Stuten auf.

## *Vanilla* – die Hochbegabte

**Name:** Vanilla
**Geschlecht:** Stute
**Farbe:** Palomino
**Rasse:** Mini-Partbred
**Größe:** 0,75 Meter
**Geburtsdatum:** 15.8.2017

Vanilla ist einfach ein Traum. Sie ist ein wunderschönes Mini in meiner Lieblingsfarbe Palomino. Aber sie ist nicht nur schön, sondern auch extrem gelehrig. Vanilla ist ein wahres Showpony – wenn sie nicht gerade im Mutterschutz ist. Vanilla ist so klug, dass sie manche Tricks an einem Tag lernt. Inzwischen beherrscht sie unzählige und ist auf jeder Show absolut unerschrocken und zuverlässig. Bei einem Filmdreh musste sie auf einer verlockend grünen Wiese auf ein Podest steigen und aus einem Heunetz fressen. Kein Problem für dieses Supergirl. Mit Vanilla verstehe ich mich mittlerweile blind, sie kann meine Gedanken lesen. Dieses Pony ist ein Genie!

## Bacardi – einfach zuckersüß

**Name:** Bacardi
**Geschlecht:** Wallach
**Farbe:** Braunschecke
**Rasse:** Mini-Shetlandpony
**Größe:** 0,64 Meter
**Geburtsdatum:** 18.5.2019

Bacardi ist der Kleinste im Bunde und stammt aus einer riesigen Ponyherde. Sein verspielter Charakter hat mich sofort in seinen Bann gezogen. Ihn haben wir nicht zur Zucht, sondern für unser Filmteam gekauft. Bacardi lernt blitzschnell neue Tricks und spielte bereits beim *Immenhof*-Kinofilm mit. Seine Lieblingstricks sind Liegen und Sitzen. In ihn muss man sich einfach verlieben, weil er so süß ist.

## *Mila* – die lebenslustige Diva

**Name:** Mila
**Geschlecht:** Stute
**Farbe:** Fuchsschecke
**Rasse:** Mini-Shetlandpony
**Größe:** 0,65 Meter
**Geburtsdatum:** 5.6.2018

Mila ist Bacardis beste Freundin, vielleicht weil sie beide Mini-Shetlandponys und die Kleinsten bei uns sind. Die süße Scheckstute ist sehr lebenslustig, kann aber auch eine kleine Diva sein. Sie kam als zweijähriges Jungpferd zu mir und war damals noch nicht mal halfterführig. Da sie zur Zucht zu klein ist, ist sie bei mir ein reines Film- und Showpony. Mila ist intelligent und lernt Tricks im Handumdrehen.

## Die Minizucht

Meine Mutter war eine der ersten Züchterinnen von American Miniature Horses in Deutschland und gründete das Gestüt CS Royal Miniature Horses. Es ist ihr sogar gelungen, den Bayerischen Zuchtverband für Spezialpferderassen davon zu überzeugen, ein Zuchtbuch für diese Rasse in Deutschland zu eröffnen. Mittlerweile durfte ich die Zucht von ihr übernehmen, was mich sehr stolz macht. Neben den American Miniature Horses züchte ich noch Mini-Appaloosas, das sind Tigerschecken im Miniformat.

*Die Ministuten mit ihrem Nachwuchs auf der Weide*

Wir achten darauf, gesunde und absolut korrekte Minipferde zu züchten. Miniaturpferde stammen von Shetlandponys ab, die unter anderem mit Hackneyponys und Welshponys veredelt wurden. In der Zucht legen wir großen Wert auf Korrektheit, gerade wenn die Pferdchen immer kleiner gezüchtet werden, kann es zu gesundheitlichen Problemen kommen. Wir züchten daher nur mit Ponys, die mindestens 75 Zentimeter groß und absolut korrekt sind. Alle unsere Zuchtpferde werden auf Erbkrankheiten und Zwergenwuchs getestet. Unsere Minis sind pumperlgesund, und wir sind stolz darauf, sagen zu können, dass wir keine Probleme mit Hufrehe, Stoffwechselkrankheiten, Übergewicht etc. haben.

Weitere Infos und die wichtigsten Fragen zu Rasse und Zucht stehen auf unserer Homepage, deren Link ihr hinten im Buch findet.

## So halten wir unsere Pferde

Damit Pferde gerne und gut mitarbeiten, sollten sie optimal gehalten werden. Wir machen uns sehr viele Gedanken zur Pferdehaltung, bauen immer wieder um, optimieren ständig und verändern Kleinigkeiten, um es für unsere Pferde so perfekt wie möglich zu machen. Pferdehaltung ist ja ein sehr individuelles Thema, bei dem viele Faktoren wie zum Beispiel Rasse, Nutzung, Gegebenheiten vor Ort eine Rolle spielen.

Generell sind Pferde Herdentiere, sollen also nicht allein gehalten werden und viel freie Bewegung genießen. Grundsätzliche Empfehlungen zur Pferdehaltung findet ihr in den Leitlinien für Pferdehaltungen beim Bundesministerium für Ernährung und Landwirtschaft.

Unsere größeren Pferde bilden zusammen mit Paquito eine Offenstallgruppe, die das ganze Jahr über draußen steht. Sie haben mehrere Hütten, Fressplätze und Paddocks zur Verfügung. Die Quarter Horses standen bis vor dem Lockdown noch auf einer Reitanlage. Bei uns in der Gegend ist es gar nicht so leicht, einen geeigneten Stall zu finden, obwohl wir sehr ländlich leben. Moderne Reitanlagen mit einer guten Pferdehaltung sind weit weg von unserem Wohnort. Oft muss man wählen zwischen einer guten Pferdehaltung, aber wenig bis gar keiner Infrastruktur, oder einer reinen Boxenhaltung, dafür aber viel Infrastruktur wie Reithalle und Reitplatz. Wir haben uns schließlich entschieden, auch die größeren Pferde nach Hause zu holen. Ich kann sie hier so halten und füttern, wie ich möchte, und meine Trainingsbedingungen

*Die Miniherde im Auslauf*

*Wally, Gainesville, Sparky und Paquito in ihrem Offenstall*

*Die Minis gehen über eine Holzrampe in ihren Auslauf.*

sind trotzdem gut. Ich habe einen Roundpen, eine kleine Reithalle und einen Reitplatz für mein Freiarbeitstraining oder die Gymnastizierung an der Longe. Möchte ich auf einem großen Platz oder in der Halle trainieren, kann ich zu einer Anlage in der Nähe fahren – was ohnehin ein wichtiges Training für meine Showpferde ist.

Wie gesagt leben Wally, Sparky, Gainesville, Bobby und Paquito als Wallachgruppe zusammen. Ich habe sehr gute Erfahrungen mit einer reinen Wallachherde gemacht, weil die Jungs einfach andere Bedürfnisse haben als Stuten. Sie spielen und rangeln viel mehr. Es ist meistens ruhiger, wenn man kleine Herden nach Geschlechtern trennt, und dazu gehen auch immer mehr Pensionsbetriebe über. Wally ist bei uns der Herdenchef.

*Damit im Stallalltag alles reibungslos abläuft, ist es hilfreich, wenn alles seinen festen Platz hat.*

Princess
Bacardi
Duke
Angel

Da der Größenunterschied von unseren Minis zu den Quarter Horses doch sehr groß ist und die meiste Zeit im Jahr auch Fohlen mitlaufen, wäre es zu gefährlich, die Minis zusammen mit den Großen zu halten. Wenn wir keine tragenden Stuten oder kleine Fohlen haben, dürfen auch mal alle zusammen in unserem Offenstall mit Auslauf sein. Unsere Quarter Horses sind wirklich sehr lieb mit den Minis.

Nachts sind unsere Minis in Boxen aufgestallt, so können wir sie individuell mit Futter versorgen. Das ist gerade bei den Minis extrem wichtig, damit nicht manche zu dick und andere zu dünn werden. Tagsüber stehen Stuten, Fohlen, Wallache und Jungpferde im Paddock zusammen. Duke können wir während der Weidesaison zusammen mit den Stuten halten, die er decken soll. In der Zeit der Trennung steht Duke zusammen mit Paquito. Im Winter sind viele Stuten trächtig oder haben im Frühjahr schon Fohlen.

Unser Stall ist besonders, denn er liegt im ersten Stock. Meine Mutter hat damals einen Dachboden zum Pferdestall umgestaltet und eine Holzrampe bauen lassen. Jeden Tag gehen unsere Pferde über diese Rampe in den Stall rauf und runter, das ist ein tolles Kletter- und Gelassenheitstraining. Aus einer Fensterluke befördern wir unseren Minimist in eine Kippmulde.

Für die Weidesaison haben wir große Weiden. Dort können unsere Jungpferde im Sommer Tag und Nacht verbringen. Alle anderen dürfen stundenweise auf die Wiese und stehen sonst auf dem großen befestigten Paddock.

## So füttern wir unsere Pferde

Die Ernährung von Pferden hat allergrößten Einfluss auf ihre Vitalität und ihr Wohlbefinden, deshalb legen wir hierauf besonders großen Wert. Da es auf dem Markt kein passendes Mineralfutter für Minipferde gab, hat sich meine Mutter in Zusammenarbeit mit renommierten Wissenschaftlern über mehrere Jahre hinweg mit der Entwicklung eines speziellen Futters für Ponys und kleine Pferderassen befasst. Es sollte ein Futter sein, das von den Ponys gerne angenommen wird und den erhöhten Vitalstoffbedarf der kleinen Rassen zuverlässig deckt. Da diese Rassen meist weniger Energiezufuhr benötigen, aber einen hohen Bedarf

*Das »Mini-Spezial« ist ein hochwertiges Mineralfutter, das Julias Mutter entwickelt hat und das speziell auf die Bedürfnisse von Ponys und kleinen Pferderassen zugeschnitten ist.*

an Spurenelementen wie Zink, Kupfer, Mangan und Selen, sollte eine artgerechte Pony- und Kleinpferdefütterung besonders hochwertig und konzentriert ausgelegt sein. Reduziert man einfach nur die Menge von Großpferde-Mineralfutter, passt das Verhältnis der Mineralien für die kleinen Pferde oft nicht mehr. Außerdem sollte es auch für Pferde mit sensiblem Stoffwechsel geeignet sein. Das Ergebnis ist ein qualitativ hochwertiges Mineralfutter, das auf die Bedürfnisse kleiner Rassen zugeschnitten ist. Das Futter enthält alle wichtigen Vitalstoffe, wertvolle Aminosäuren, Biotin sowie zahlreiche weitere Inhaltsstoffe, welche die Vitalität und das Wohlbefinden der Tiere fördern. Nebenbei kann das Mineralfutter auch hervorragend für Pferderassen mit empfindlichem Stoffwechsel oder Erkrankungen wie Hufrehe, Cushing oder dem Equinen Metabolischen Syndrom verwendet werden. Auf Basis dieser Idee und in Zusammenarbeit mit renommierten Wissenschaftlern entstand zusätzlich das Maxi Spezial. Noch mehr Infos zu unserem Futter findest du auf unserer Website, deren Link du hinten im Buch findest.

Das Grundnahrungsmittel eines jeden Pferdes ist Heu, daher legen wir großen Wert auf qualitativ hochwertiges Heu, das unseren Pferden in großzügigen Mengen zur Verfügung steht. Die meisten Pferde sind mit Heu und einem passenden Mineralfutter gut versorgt. Kraftfutter ist nur nötig, wenn die Pferde mehr arbeiten oder wie bei uns in der Zucht Leistung erbringen müssen. Für ein gesundes Pferd ohne Übergewicht ist bei geeigneter Heuqualität eine Heufütterung ad libitum ideal. Das bedeutet, dass rund um die Uhr Heu zur Verfügung steht. Fütterung ist aber genau wie die Haltung ein sehr individuelles Thema und muss immer an dein Pferd angepasst werden. Wir arbeiten eng mit Futterexperten zusammen, die für jedes Pferd einen individuellen Futterplan zusammenstellen. Ich erzähle euch nun, womit wir gute Erfahrungen gemacht haben und was grundsätzlich wichtig ist.

## Warum ist Heu so wichtig?

Pferde sind eigentlich Steppentiere und von Natur aus darauf ausgelegt, bis zu 16 Stunden täglich mit Fressen beziehungsweise Kauen zu verbringen. Sie nehmen also kontinuierlich kleine Mengen Raufutter auf. Beim Kauen produziert das Pferd viel Speichel, damit das Futter gleiten kann, zudem neutralisiert der Speichel den sauren Magensaft. Die faserreiche Struktur des Heus ist gleichzeitig wichtig für die Verdauung, denn sie bringt den Pferdedarm in Schwung – im Gegensatz zum Kraftfutter. Lange Fresspausen oder zu wenig Heu

*Heu ist für Pferde das wichtigste Grundfutter.*

erhöhen das Risiko von Magengeschwüren, weil der Magen übersäuert. Zu viel Getreide oder Kraftfutter begünstigen Koliken, weil sie den kleinen Magen überlasten oder den Darm lahmlegen. Falls Kraftfutter gefüttert wird, sollte das Pferd vorher unbedingt schon Heu gefressen haben, sonst kann der Dickdarm übersäuern. Heu ist also die Basis jeder Pferdefütterung. Ein gesundes Pferd benötigt 1,5 bis 2 Kilogramm Heu pro 100 Kilogramm Lebendgewicht. Bei einem Großpferd mit 600 Kilogramm Gewicht entspricht das mindestens 9 Kilo Heu pro Tag.

*Tipp:*

Durch Heunetze kannst du die Fresszeiten verlängern und Verschwendung minimieren. Achte darauf, dass das Pferd in einer natürlichen und gesunden Kopf-Hals-Position fressen kann, und vermeide Gitter aus Metall – sie können den Frontzähnen schaden.

## Wie sieht ein wohlgenährtes Pferd aus?

Du solltest die Rippen eines gut genährten Pferdes nicht sehen, aber noch spüren können. Ist das Pferd zu dünn, solltest du sicherstellen, dass die Zähne in Ordnung sind, und einen Tierarzt oder Ernährungsexperten zurate ziehen. Bei alten Pferden können die Zähne abgenutzt sein, und es ist möglich, dass sie irgendwann gar kein Heu mehr zerkleinern können und nur noch Röllchen ausspucken. Dann muss das Pferd mit Heucobs, einem Heuersatz, ernährt werden. Heucobs bestehen aus zerkleinertem Heu, das zu Pellets komprimiert wurde. Diese müssen vor dem Füttern ausreichend lange eingeweicht werden. Infos dazu findest du auf dem Futtersack oder direkt beim Hersteller.

*Tipp:*

Einmal pro Jahr sollte routinemäßig der Pferdezahnarzt kommen. Bei Pferden können sich an den Zähnen scharfe Kanten bilden, die dann die Zunge oder die Backenschleimhäute verletzen. Bei einer Zahnbehandlung sediert der Tierarzt dein Pferd und kann dann in sein Maul schauen, Haken entfernen und das Gebiss wieder ins Gleichgewicht bringen. Manchmal müssen auch sogenannte Wolfszähne entfernt werden, die aber nicht bei jedem Pferd angelegt sind.

*Wally und Duke sind weder zu dick noch zu dünn.*

Sehr viel häufiger als Untergewicht ist bei vielen Freizeitpferden aber Übergewicht. In unseren Breitengraden ist das Heu meistens zu gehaltvoll, ebenso unsere Weiden, die ursprünglich für Hochleistungskühe angelegt wurden und daher sehr zucker- und eiweißreich sind. Generell gilt, dass das Heu für Pferde im Idealfall nicht zu früh, sondern um die oder nach der Blüte geschnitten werden sollte. Weiden sollten für Pferde eher mager und reich an Kräutern sein. In den Bergen sind Almweiden zum Beispiel gut geeignet. Gerade die robusteren Rassen, Shetlandponys und Kaltblüter, sind eher leichtfuttrig – das bedeutet, dass ein Pferd bereits aus kleinen Futtermengen viel Energie ziehen kann. Solche Pferde neigen dann bei mangelnder Bewegung oder wenig Arbeit zu Übergewicht oder sogar zu Stoffwechselproblemen. Insbesondere Fettdepots am Mähnenkamm, an der Kruppe und am Schweifansatz können auf Probleme hindeuten und sind ein Alarmzeichen! Falls dein Pferd an Übergewicht leidet, solltest du unbedingt Rat bei einem Tierarzt oder einem Ernährungsexperten suchen.

### Teste dein Pferd

Teste dein Pferd mithilfe des Body Condition Score (BCS). Dazu tastest du an Hals, Widerrist, Lendenbereich, Schweifansatz, Rippen und Schulter.

**BCS 1:** Extrem mager. Am Pferd spürst du kein Fettgewebe mehr, Dornfortsätze, Rippen, Schweifansatz und Knochenvorsprünge sind deutlich zu erkennen.

**BCS 2:** Sehr dünn. Minimale Fettschicht. Dornfortsätze, Rippen und Hüfthöcker sind deutlich sichtbar, ebenso Knochenkonturen von Widerrist, Hals und Schulter.

**BCS 3:** Dünn. Du spürst etwas Fett auf den Rippen, Dornfortsätzen und am Schweifansatz. Die Hüfthöcker sind angerundet, stehen aber vor. Du kannst deutliche Konturen an Widerrist, Schulter und Hals erkennen.

**BCS 4:** Schlank. Du kannst etwas Fett an Hals, Rippen und Rückgrat erkennen. Am Übergang von Kruppe zu Schweif etwas Fett. Der Widerrist zeichnet sich leicht ab.

**BCS 5:** Normal. Die Rippen sind nicht sichtbar, aber leicht zu ertasten. Du fühlst leicht schwammiges Fett am Schweifansatz. Hals und Schulter gehen harmonisch ineinander über. Die Dornfortsätze und Rückenmuskulatur liegen auf einer Höhe.

**BCS 6:** Rundlich. Der Rücken hat eine leichte Rinne. Das Fett über den Rippen und am Übergang von Kruppe zu Schweif ist weich. Du fühlst leichte Fettpolster an den Schultern.

**BCS 7:** Dick. Sichtbare Fettdepots an Hals, Widerrist und hinter der Schulter, weiches Fett über den Rippen.

**BCS 8:** Fett. Fettpolster am Hals und hinter der Schulter. Am Rücken zeigt sich eine Rinne, Kruppe ist leicht gespalten (Achtung, bei Kaltblütern normal). Die Rippen sind schwer fühlbar.

**BCS 9:** Extrem fett. Dicke Fettpolster an Schulter, Widerrist und Hals, tiefe Rinne am Rücken. Rippen nicht mehr fühlbar. Fettpolster an der Innenseite der Hinterbeine.

Fällt dein Pferd in die Kategorie 7 oder höher, solltest du einen Tierarzt oder einen Fütterungsexperten hinzuziehen.

## Pferdehufe – barhuf oder nicht?

Zur Gesunderhaltung der Pferde gehört auch eine regelmäßige und gute Hufpflege. Unsere Minis gehen allesamt barhuf und werden alle sechs bis acht Wochen von einem Hufexperten ausgeschnitten. Dabei werden Fehlstellungen wenn nötig korrigiert. Wir bevorzugen Barhufe, weil es für das Pferd einfach am natürlichsten ist. Bei unseren Minis klappt das gut. Ist der Abrieb zu groß, müssen ein Beschlag oder Hufschuhe die Pferdehufe

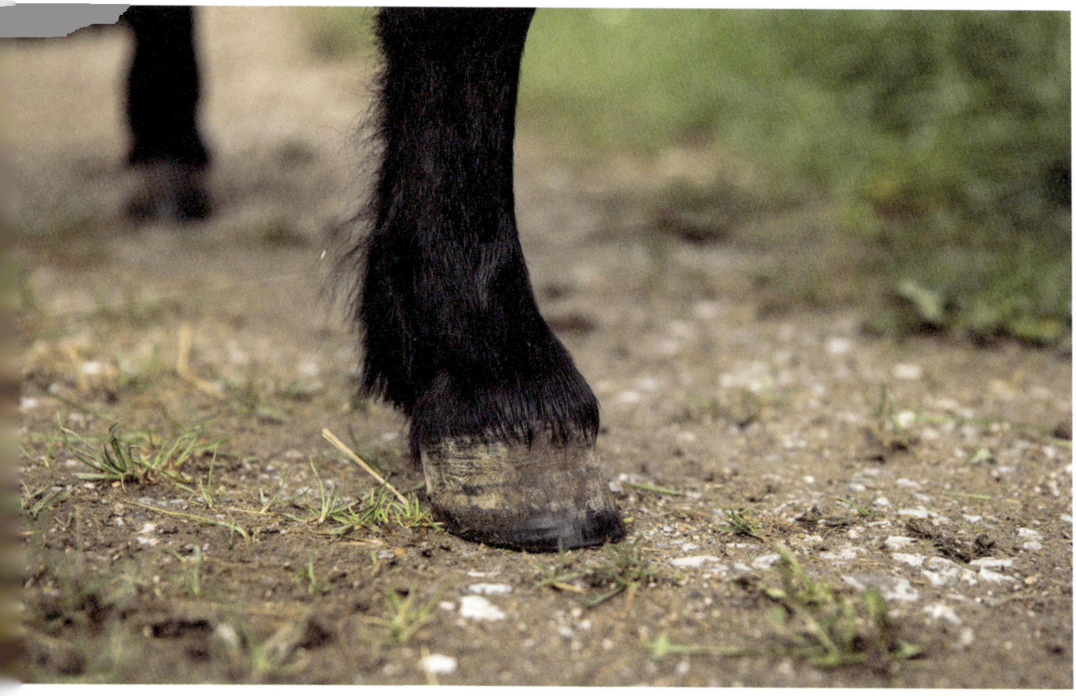

*So sieht ein gesunder Ponybarhuf aus.*

schützen. Meine Großen, die regelmäßig gearbeitet werden, sind rundum beschlagen, meine Reining-Pferde brauchen ohnehin spezielle Sliding-Eisen. Da ich sehr gerne ausreite und wir hier viele Schotterwege haben, benötigen meine Quarter einen Rundum-Hufschutz.

Neben der individuellen Haltung und Fütterung werden meine Pferde zudem regelmäßig körperlich von einem Therapeuten durchgecheckt und wenn nötig behandelt. Durch Haltung, Fütterung und Vorsorge versuche ich die besten Voraussetzungen für meine Pferde zu schaffen, damit sie im Training gerne mitarbeiten.

## Wie sieht ein normaler Tag bei mir aus?

Als Selbstständige ist bei mir kein Tag wie der andere. Es gibt Phasen, da bin ich tagelang unterwegs auf Messen, Shows, Drehs oder Turnieren. Dann gibt es Tage und Wochen, da bin ich nur daheim. Dann bin ich meistens vormittags im Stall, um die Pferde zu versorgen und zu trainieren. Wenn man mit so vielen Tieren zusammenlebt, gibt es auch immer wieder Sorgenkinder, die Wehwehchen haben, in die Klinik oder spontan vom Tierarzt behandelt werden müssen. Ich koordiniere die regelmäßigen Hufschmiedtermine, Impfungen und Entwurmungen. Wenn die Fohlen geboren werden, überwachen wir die Stuten rund um die Uhr und sind bei jeder Geburt dabei.

Tatsächlich verbringe ich aber auch sehr viel Zeit am Schreibtisch, telefoniere oder organisiere. Ich plane und schneide Videos, mache jeden Tag Storys für die sozialen Medien und kümmere mich um meine Kooperationen und die Buchhaltung.

Die Selbstversorgung meiner Pferde hat den Vorteil, dass ich mir alles so einrichten kann, wie ich es mag, und mich nicht wie in einem Pensionsstall den Gegebenheiten anpassen muss. Zudem habe ich alle Pferde direkt am Haus und genieße es in vollen Zügen, mit ihnen zusammenzuleben. Doch wie immer im Leben – es gibt selten Vorteile ohne Nachteile: Selbstversorgung bedeutet auch, dass man sich 365 Tage im Jahr um seine Tiere selbst kümmern muss. Wenn unsere Stuten hochträchtig sind, verbringe ich viele schlaflose Nächte. Es kommt vor, dass ich wochenlang keinen freien Tag habe, und auch Urlaube müssen genau geplant werden. Das alles geht nur, weil sich bei uns die ganze Familie um die Tiere kümmert und wir noch sechs Tage die Woche eine Stallfee haben, die uns bei der Versorgung der Pferde unterstützt. Ein eigener Hof ist ein Traum, jedoch bedeutet er auch sehr viel Verantwortung und Arbeit. Ich möchte trotzdem nicht tauschen!

*Kapitel 2*

# BASICS FÜR DEN ALLTAG

# GRUNDLEGEND WICHTIG IM UMGANG

Im ersten Kapitel habe ich dir gezeigt, wie wir unsere Pferde zu Hause halten und füttern. So schaffen wir die besten Voraussetzungen dafür, dass sie gesund bleiben und zufrieden sind. Unsere Pferde sind alle sehr ausgeglichen und arbeiten gerne mit. Bevor ich dir erkläre, was du bereits im Umgang mit deinem Pferd tun kannst, damit es gerne mit dir zusammen ist, möchte ich dir erzählen, wie Pferde zusammenleben und miteinander kommunizieren. Wenn du das Verhalten von Pferden besser verstehst, wird es dir viel eher gelingen, eine Beziehung aufzubauen und auf dein Pferd und seine Bedürfnisse einzugehen.

*Tipp:*

Sei achtsam! Nimm dir Zeit, einfach mal dein Pferd zu beobachten – idealerweise in der Herde.

## Pferde in freier Natur

In freier Wildbahn leben Pferde in Herden zusammen. Das hat für das Fluchttier Pferd einen großen Vorteil: Das Überleben ist leichter, weil man Feinde als Herde schneller wahrnimmt. Wären die Pferde allein unterwegs, wären sie leichter angreifbar. Die Herde bietet den Pferden also Schutz und sichert die Fortpflanzung und damit den Erhalt der

Tiere. In der Gruppe gibt es eine Hierarchie. Das ranghöchste Pferd trägt die Verantwortung für alle anderen. Meist übernimmt eine erfahrene Stute die Führungsposition und bestimmt das Tempo und die Richtung der Gruppe. Der Leithengst verteidigt die Herde im Ernstfall. Jungpferde haben zunächst einen niedrigen Rang, dafür haben sie auch weniger Verantwortung und wachsen unter dem Schutz der älteren Tiere auf. Durch Erfahrung und eine gute körperliche Verfassung können Pferde in der Hierarchie aufsteigen.

Als Fluchttiere müssen Pferde in der Natur blitzschnell unterscheiden können, was eine Gefahr darstellt und was nicht. Besteht keine Gefahr, wird Energie gespart für einen Ernstfall. Wird etwas als gefährlich ein-

*In der Herde bieten die Mütter ihren Fohlen Schutz.*

geschätzt, handelt das Pferd und schaltet in den Fluchtmodus. Dieser Modus ist überlebenswichtig und völlig normal für Pferde, kann im Umgang mit uns Menschen aber schnell zu gefährlichen Situationen führen, falls Pferde zum Beispiel in Panik geraten.

Gleichzeitig sind Pferde wahnsinnig neugierige und soziale Tiere. Und das ist wahrscheinlich auch der Grund, warum wir Menschen irgendwann einmal begonnen haben, sie als Reittiere zu nutzen. Pferde möchten die Welt erkunden. Dadurch schätzen sie ab, was gefährlich sein könnte oder aber fürs Überleben nützlich – etwa eine Futter- oder Wasserquelle oder ein neuer Artgenosse.

## Vor- und Nachteile verschiedener Haltungsformen

Unsere Hauspferde leben natürlich nicht wie wilde Pferdeherden, denn wir Menschen stellen künstliche Gruppen zusammen. In der Natur gibt es auch keine Wallache. Deswegen sprechen Forscher bei Hauspferden, die zu mehreren zusammenleben, nicht von einer Herde, sondern von einer Gruppe. Sehr große Gruppen, wie sie zum Beispiel manchmal in Aktivställen zu finden sind, gibt es in der Natur nicht. Dort bilden sich immer kleinere Untergruppen.

Das Zusammenleben kann trotzdem gut funktionieren, wenn genügend Platz vorhanden ist. Der Mensch muss dafür sorgen, dass die Gruppe gut harmoniert und vor allem, dass rangniedrige Pferde ausweichen können. Zudem solltet ihr darauf achten, dass euer Pferd entspannt ans Raufutter kommt – und schlafen kann. Hat das Pferd Einstreu oder Stroh im Schweif, ist das ein gutes Zeichen. Seitdem viele Pferde in größeren Gruppen zusammenleben, ist nämlich ein neues Problem entstanden: Es gibt Pferde, gerade rangniedrigere, die unter Schlafmangel leiden. Deswegen ist es wirklich wichtig, dass ihr darauf achtet, ob sich euer Pferd in der Gruppe wohlfühlt. Gerade Tiere, die es viele Jahre lang nicht gewohnt waren, mit Artgenossen zu leben, weil sie vielleicht eine Sportkarriere hinter sich haben und aus Sicherheitsgründen allein gehalten wurden, müssen das Zusammenleben erst wieder lernen, um angemessen mit anderen Pferden zu kommunizieren. In einer guten Gruppenhaltung wird euer Pferd schrittweise in eine Gruppe eingewöhnt. Wir haben das hier mit Sparky genauso gemacht, nachdem er während seiner Verletzungspause einzeln stehen musste und zur Reha auf einem anderen Hof war. Pferde, die ihr ganzes Leben lang in Gruppen

*Wir versuchen, unsere Pferde so naturnah wie möglich zu halten. Dazu gehört viel freie Bewegung.*

*Da die Fohlen von Anfang an im Herdenverband aufwachsen, sind sie bestens sozialisiert.*

gelebt haben, tun sich meistens sehr viel leichter, sich in eine neue Gruppe einzugliedern.

Umgekehrt soll das nicht heißen, dass Boxenhaltung grundsätzlich schlecht für dein Pferd ist – es muss einfach passen. Pferde finden zwar in einer Einzelbox mehr Ruhe und Zeit zum Schlafen, doch ihnen fehlen Sozialkontakte zu anderen Pferden und vor allem die Bewegung. Die hält ihren Körper gesund, stärkt Knochen, Sehnen, Bänder und Muskeln. Falls euer Pferd in einer Box steht, solltet ihr deshalb unbedingt für täglichen mehrstündigen Paddock- oder Weidegang in der Gruppe sorgen.

## Hierarchie und Kommunikation

Unsere Hauspferde lassen sich nicht mehr eins zu eins mit Wildpferden vergleichen, trotzdem können wir durch Letztere viel über ihr Verhalten lernen. Denn unsere domestizierten Pferde kommunizieren untereinander letztlich genau wie Wildpferde.

Grundsätzlich beansprucht das ranghöhere Tier seinen Raum und darf als Erstes zur Ressource, zum Beispiel zum Futter oder zur Tränke. Es ist also ganz natürlich, dass sich Pferde gegenseitig um die Heuraufe schicken (»Wer-bewegt-wen-Prinzip«).

Viele Reiter glauben, ihr Pferd habe in der Gruppe einen bestimmten festgelegten Rang. Dabei ist das Ganze ein extrem dynamisches System. Das soziale Gefüge von Pferden ist sehr komplex, und eine Rangordnung ist keine aufsteigende Leiter mit einzelnen Sprossen, sondern ein System mit vielen Dreiecksverbindungen: Beispielsweise steht Pferd A über B,

Pferd B steht über C, aber C steht wieder über A. Je mehr Pferde in einer Herde sind, desto komplexer wird das System. Beobachte mal eine Pferdegruppe und achte darauf, wer wen wegschicken kann.

Der Herdenchef führt die Herde nicht an und geht voraus, sondern schickt seine Pferdekollegen. Je souveräner der Chef, desto weniger muss er dafür tun. Dann reicht meistens ein Blick, und der Rangniedrige weicht. Pferde kommunizieren untereinander in mehreren Druckstufen. Das ist für uns Menschen wichtig zu verstehen, wenn wir mit ihnen zusammenarbeiten. Die erste Stufe ist ein bestimmender Blick, dann werden die Ohren angelegt, die Zähne gezeigt, und wenn alles nichts hilft, wird gebissen. Ähnlich funktioniert es mit der Hinterhand, die noch deutlicher ist: Erst wird angedeutet, dann das Bein gehoben, und wenn der Rangniedrige nicht weicht, wird ausgekeilt. Treten und Beißen sind also an sich ganz normale Verhaltensweisen unter Pferden, die in der Regel mit Vorwarnung erfolgen. Es ist wichtig, sein Pferd lesen zu lernen und die Signale frühzeitig richtig zu deuten. Sobald der Rangniedrige Platz macht, entspannt sich der Ranghöhere. Pferde sind dabei nicht emotional oder nachtragend – das unterscheidet sie extrem von uns Menschen.

Souveräne Herdenchefs sind meist recht unauffällig. Sie haben eine gute Präsenz und betreiben wenig Aufwand. Schließlich müssten sie in der Natur ihre Kräfte immer für den Ernstfall sparen. Es ist also nicht clever, als Herdenchef viel Wirbel zu machen. Wie ein Pferd zum Herdenchef wird, können Forscher noch nicht genau sagen. Man geht davon aus, dass Herdenchefs es sich nicht aussuchen, diese Verantwortung zu übernehmen, sondern dass sie ihnen von den anderen übertragen wird.

Sich einer Leitfigur anzuschließen, hat sich im Laufe der Evolution als gutes Konzept für das Überleben erwiesen. Wenn wir es also schaffen, das Pferd ähnlich sicher wie ein Herdenchef zu führen und dadurch zu schützen, wird es sich uns gerne anschließen und einen Teil der Verantwortung an uns abgeben.

## Der Unterschied zwischen Horsemanship und Dominanz

Unter dem Begriff Horsemanship, der in der Pferdewelt immer mehr genutzt wird, versteht man ganz generell den natürlichen und fairen Umgang mit dem Pferd. Er umfasst alle Bereiche, also von der Haltung über den Umgang bis hin zum Training am Boden und im Sattel. Dabei entsteht im Idealfall eine harmonische Partnerschaft, die auf Respekt und Vertrauen basiert. Der Mensch kommuniziert durch feine Signale, die das Pferd aus seinem natürlichen Verhalten kennt.

Noch vor ein paar Jahrzehnten sah sich der Mensch im Umgang mit Tieren als ranghöheres Individuum, und das Pferd sollte sich ihm sozusagen unterwerfen. Solche Vorstellungen werden heute unter den Dominanztheorien zusammengefasst und sind nicht mehr zeitgemäß. Mir geht es vielmehr darum, dem Pferd durch gute Führung Sicherheit zu geben. Das gelingt vor allem durch Horsemanship im Alltag sowie durch Boden- und Freiarbeit.

Die Bodenarbeit gibt es übrigens schon sehr lange, doch sie war einfach etwas in Vergessenheit geraten. In der Wiener Hofreitschule zum Beispiel werden die Pferde schon seit mehreren Hundert Jahren auch am Boden ausgebildet. Die Freiheitsdressur im Zirkus basiert ebenfalls auf der klassischen Reitkunst. Diese Art der Arbeit lebt jetzt seit einiger Zeit wieder auf, besonders unter den Freizeitreitern, die sie als Ergänzung oder Alternative zum Reiten sehen.

Wie du Horsemanship in deinen Alltag integrierst, zeige ich dir in diesem Kapitel.

## Wie begrüße ich mein Pferd?

Schon die Begrüßung sollte auf möglichst pferdegerechte Art stattfinden. Bevor du dein Pferd aus seiner Herde oder dem Stall holst, halte kurz inne und warte, bis es mit dir Kontakt aufnimmt und zu dir schaut. Warte an der Boxentür, ob es zu dir kommt, bleibe im Paddock auf etwas Abstand und beobachte, ob es zu dir denkt. Dabei kannst du gleich viele Dinge checken: Sind die Ohren freundlich gespitzt oder angelegt, ist das Maul entspannt oder verkrampft? Blinzeln die Augen weich oder sind sie starr? Frisst mein Pferd zufrieden? Versuche immer, einen kurzen »Wie-geht-es-dir-heute-Scan« zu machen, bevor du startest. Pferde erfassen viele Dinge mit dem Geruchssinn und schnuppern meistens erst mal an dir.

So handhaben sie es auch untereinander. Wenn sich Pferde das erste Mal begegnen, riechen sie erst mal Nase an Nase, um den Geruch des anderen aufzunehmen. Die Verständigung über Laute bzw. Sprache, die für uns Menschen sehr wichtig ist, hat bei Pferden einen untergeordneten Stellenwert. Gute Pferdemenschen quatschen nicht pausenlos auf ihre

*Nimm dir Zeit, dein Pferd zu begrüßen. Wally mag es gerne, gestreichelt zu werden.*

Pferde ein, das ist meistens ein rein menschliches Bedürfnis. Kurze Stimmkommandos reichen völlig aus. Es hat einen guten Grund, warum Pferde ihre Stimme so wenig nutzen. Als Fluchttier ist es sinnvoll, relativ lautlos unterwegs zu sein, um nicht unnötig Feinde anzulocken. Pferde brummeln mal zur Begrüßung, wiehern aber eher selten und meistens nur, um über eine größere Distanz Kontakt aufzunehmen.

Achte darauf, dass du nicht übergriffig bist: Viele Pferde mögen es nicht so sehr, wenn du sie gleich am Kopf oder an der Nase anfasst, auch wenn sie noch so weich ist. Mal ehrlich, mochtest du es als Kind, von fremden Menschen auf den Kopf getätschelt zu werden? Der Kopf und vor allem die Pferdenase sind sensible Körperpartien, die du gerade bei Pferden, die dich noch nicht kennen, meiden solltest. Aber du kannst deinem Pferd die Hand entgegenstrecken und das Pferd daran schnuppern lassen. Diese Geste ist auch als »Horseman's Handshake« bekannt – quasi wie Händeschütteln unter Menschen. Dann kann das Pferd deinen Geruch aufnehmen und weiß, ob es dich schon kennt oder nicht.

Widerrist und Schultern gehören zu den Körperregionen, an denen die meisten Pferde sich lieber anfassen lassen. Kraulen am Widerrist wird von den meisten Pferden gerne angenommen, da sie selbst nur schwer an diese Stelle herankommen, an der es manchmal juckt. Bei der gegenseitigen Fellpflege knabbern sich Vierbeiner mit Vorliebe gleichzeitig den Widerrist, an dieser Stelle liegt ein wahrer Wohlfühlknopf. Versuche herauszufinden, wo dein Pferd weitere Wohlfühlknöpfe hat. Viele mögen es auch, an der Brust oder am Unterhals gekratzt zu werden, und machen dann ihr Wohlfühlgesicht mit langer Oberlippe oder sie strecken den Hals wie eine Giraffe nach oben, wenn es guttut. Pferde sind individuell wie wir Menschen – lernt euer Pferd kennen und findet heraus, welche Kraulstelle es bevorzugt.

Die sensiblen Zonen solltest du bei der Begrüßung zunächst meiden. Dazu zählen der Kopf, der hintere Bauch mit seinen Weichteilen und der Genitalbereich. Dort sollten sich Pferde zwar generell anfassen lassen – allein deshalb, falls da mal der Tierarzt ranmuss –, jedoch solltest du das Pferd hier nicht unnötig viel berühren oder kitzeln. Besonders dann, wenn ihr euch noch nicht näher kennt.

### Warum ich im Alltag mit Leckerlis und Co. sparsam bin

Menschen lieben es, Pferde mit Leckerlis als Belohnung zu verwöhnen. Dieses Loben durch Futter ist ein sehr menschliches Bedürfnis, führt aber im Umgang oder beim Training schnell zu Problemen. Ich nutze Futter beim Tricktraining gezielt als positiven Verstärker (siehe S. 154), aber nicht im Beziehungstraining – also im Alltag, bei der Bodenarbeit oder Freiarbeit. Im Alltag gibt es bei mir kaum Leckerlis aus der Hand. Gerade wenn man noch nicht so viel Erfahrung mit Pferden hat und das Timing ungünstig ist, können Leckerlis zu Verhaltensproblemen wie unerwünschtem Betteln oder sogar zu einer Futteraggression zwischen anderen Pferden führen. Sie denken dann oft nur noch an Futter, wenn sie den Menschen sehen. Beim Tricktraining finde ich Leckerlis dagegen super, um die Motivation der Pferde zu erhalten und sie sofort zu belohnen. Am besten natürlich mit gesunden Leckerlis.

*Julia hat für ihre Pferde eigene zucker- und getreidefreie Leckerlis entwickelt.*

Da es auf dem Markt viele ungesunde Leckerlis gibt, die den Pferden sogar schaden können, habe ich mich entschieden, meine eigenen Minileckerchen herzustellen. Diese sind komplett zucker- und getreidefrei und können somit bedenkenlos gefüttert werden. Die Leckerlis sind noch dazu sehr klein, somit können mehrere gefüttert werden, ohne dass ich mir Gedanken über zu viele Kalorien machen muss.

## Wie halftere ich auf?

Im Alltag nutze ich ein normales Stallhalfter und Strick. Das Knotenhalfter ist ein reines Arbeitshalfter, binde das Pferd niemals damit an. Es hat keine Sollbruchstelle, es reißt also nicht, und in einer Notsituation, wenn das Pferd festhängt, kannst du es nicht befreien. Auch am Gebiss darfst du dein Pferd nie anbinden: Gerät es in Panik, kann es sich die Zunge schlimm quetschen oder sogar den Kiefer brechen.

Bereits beim Aufhalftern kannst du mit deinem Pferd zusammenarbeiten, statt ihm einfach das Halfter über den Kopf zu ziehen. Achte darauf, dass das Pferd beim Halftern nicht rückwärts denkt, also den Kopf nach oben reißt oder nach hinten ausweicht. Ein hoher Kopf bringt immer eine Anspannung mit sich, während ein gesenkter Kopf und Hals eine Wohlfühlposition ist. Halte das Nasenteil so, dass es daran schnuppern kann und die Idee bekommt, selbst die Nase reinzustecken.

*Julia bietet Candy das Halfter an und wartet, bis sie Kontakt damit aufnimmt.*

So lässt du es teilhaben und bist bereits beim Aufhalftern in einer partnerschaftlichen Kommunikation mit deinem Pferd. Dann ziehst du das Halfter so über die Ohren, dass diese möglichst wenig gequetscht werden. Achte darauf, dass du die Augen nicht mit den Backenstücken streifst.

### Warum ein abgesenkter Kopf fürs Pferd entspannt ist

In der Natur verbringen Pferde einen Großteil des Tages damit, mit langem Hals nach unten Gras zu fressen. Dabei hilft ihnen das sogenannte Nacken-Rücken-Band, das vom Genick bis zum Kreuzbein verläuft. In dieser Fresshaltung schüttet das Pferd Entspannungshormone aus, das Kauen wirkt zusätzlich beruhigend. Versetzt man also den Körper des Pferdes in eine entspannte Haltung, folgt ihm das Gehirn und bringt das Pferd in einen angenehmen psychischen Zustand. Das Kopfabsenken ist da eine Möglichkeit, die wir später zusammen im Praxisteil üben. Im Gegensatz dazu nimmt ein angespanntes Pferd Kopf und Hals sehr hoch, um einen guten Überblick zu haben, dabei drückt es den Rücken wie eine Hängebrücke durch. Ist es sehr erregt, stellt es sogar den Schweif nach oben, macht Schwebetritte und bläst Luft durch die Nüstern wie ein Drache. In dieser Haltung schüttet das Pferd Stresshormone aus. Anspannung kann sich auch auf andere Pferde übertragen und zu einer Gruppendynamik führen. Das ist der Grund, warum wir im Umgang mit dem Pferd immer eine entspannte Kopf-Hals-Haltung bevorzugen.

## Wie hole ich mein Pferd?

Immer wieder sieht man Leute, die ihr Pferd am Strick gedankenlos hinter sich herschleifen, ohne mit ihm zu kommunizieren – das finde ich sehr schade. Wenn du dein Pferd aus der Box, von der Weide oder dem Paddock holst, dann geh mit ihm gemeinsam. Der Strick oder das Seil ist dein Hilfsmittel, sollte aber möglichst durchhängen und nur als Sicherheit dienen. Fordere dein Pferd kurz mit der Stimme auf mitzukommen. Sobald es sich in Bewegung setzt, lässt du den Strick wieder locker. Pass dich anfangs dem Wohlfühltempo deines Pferdes an. Ist es gerne zügig unterwegs, trödele nicht, lass es aber auch nicht mit der Schulter überholen. Ist dein Pferd eher gemütlich, gib ihm ein wenig

*Gemeinsam gehen statt das Pferd hinter sich her schleifen: Der Strick ist locker.*

Zeit, achte dann aber darauf, dass es flüssig läuft. Du darfst dazu gerne auch eine Gerte mitnehmen, die du bremsend vor der Brust oder treibend seitlich an der Hinterhand einsetzen kannst. Führen und Folgen üben wir später noch explizit in Kapitel 3, denn beides sind wichtige Voraussetzungen für die Freiarbeit.

## Der entspannte Putzplatz – das Anbinden

Pferde am Putzplatz anzubinden, ist für uns Menschen praktisch. Aber hast du schon mal überlegt, was das für dein Pferd bedeutet? Du nimmst ihm die Möglichkeit, zu flüchten und sich zu bewegen, um Stress abzu-

*Wally ist sehr entspannt am Putzplatz und muss gar nicht mehr angebunden werden.*

bauen. Ruhiges Stehen am Putzplatz ist natürlich trotzdem sehr wichtig, denn wenn der Hufschmied kommt, muss es sein. Die gute Nachricht: Du kannst viel dafür tun, um dieses Ziel zu erreichen. Es ist nämlich auch eine Frage des Trainings und des Ortes an sich.

In einem Pensionsstall kannst du natürlich nicht bestimmen, wie ein Putzplatz gestaltet ist. Grundsätzlich ist es so, dass Pferde am liebsten die volle Übersicht haben und nicht gerne frontal vor einer Wand stehen, vor allem nicht, wenn hinter ihnen vielleicht noch eine Stallgasse mit viel Trubel liegt. In klassischen Boxengassen ist es sehr beliebt, die Pferde links und rechts gleichzeitig anzubinden. Das hat den Vorteil, dass das Pferd nach vorne und hinten recht frei im Raum steht. Allerdings verhindert man so, dass das Pferd seinen Hals drehen kann, und schränkt es sehr in der Bewegung ein.

*Tipp:*

Binde dein Pferd niemals fest an, wenn du nicht weißt, ob es das Anbinden kennt oder vielleicht schon schlechte Erfahrungen damit gemacht hat.

Vor dem Anbinden solltest du geübt haben, dass das Pferd dem Druck aufs Genick nach vorne nachgibt, statt rückwärts zu ziehen. Das ist besonders wichtig, falls es sich doch mal ins Seil hängt. Das Rückwärtsziehen ist leider der natürliche Reflex des Pferdes, das nennt man den Oppositionsreflex.

*Beim Training kannst du das Seil einfach durch den Ring laufen lassen, ohne es festzuknoten.*

## *So geht's:*

Du stehst frontal vor deinem Pferd, bringst langsam Zug aufs Seil und lockst es mit der Stimme zu dir. Dein Körper lehnt sich ein wenig zurück, um dem Pferd Raum zu geben. Sobald das Pferd einen Schritt auf dich zu macht, gibst du am Seil nach. So lernt das Pferd, dem Zug nachzugeben, statt dagegen zu gehen. Falls es nicht reagiert, kannst du es mit einer längeren Gerte nach vorne treiben oder den Zug eher von der Seite geben, um es aus dem Gleichgewicht und in Bewegung zu bringen. Binde dein Pferd anfangs nicht fest an, sondern lass einfach nur das Seil durch den Ring laufen und behalte das Strickende in der Hand.

**Tipps für Zappelphilippe:**

Hat dein Pferd generell Mühe, ruhig zu stehen, und baut Stress am liebsten durch Bewegung ab? Dann würde ich die Zeit am Putzplatz zunächst sehr kurz halten. Verzichte zudem aufs Anbinden vor dem Training und übe erst nach dem Training. So stellst du sicher, dass dein Pferd seine überschüssige Energie loswerden konnte, und kannst vorab bei der Bodenarbeit an deiner Beziehung zu ihm feilen. Idealerweise bindest du es los, wenn es noch ruhig steht, und nicht erst, wenn es zappelt. Wenn es gerade zappelt oder scharrt und du dann den Strick löst und ihm dadurch Komfort gibst (vielleicht sogar zusätzlich Futter), bestärkst du sein Handeln.

Anbinderinge sollten immer höher als der Pferdewiderrist angebracht sein, sodass der Knoten des Führstricks recht hoch hängt. Dann kann das Pferd nicht so leicht in den Strick treten. Vom Knoten bis zum Karabiner am Halfter sollte etwa ein Meter Platz sein. Ist das Pferd zu lang und zu tief angebunden, kann es beim Kratzen oder Scharren auf den Strick treten. Dann kommt Druck aufs Genick, und viele Pferde reagieren panisch und reißen zurück.

*So geht's:*

Da sich der Haken vom Strick am Halfter in einer Notsituation nur schwer öffnen lässt, solltest du dein Pferd immer mit einem Knoten anbinden, den du schnell lösen kannst. Den Pferde-Anbindeknoten kannst du auch unter Spannung durch einen Ruck sofort lösen. Dieser Sicherheitsknoten wird auch beim Segeln benutzt.

1

*Im ersten Schritt legst du den Seilanfang um den Anbindering und bildest eine Schlaufe mit dem Seilende.*

2

*Dann ziehst du die Schlaufe durch die Bucht, die du gelegt hast.*

3

*Jetzt ziehst du die Schlaufe fest.*

4

*Wenn du jetzt am Seilende ziehst, öffnet sich der Knoten wieder.*

*Sicherheitstipp:*

Binde dein Pferd nie an der Boxentür oder an einem losen Pfosten an. Falls es sich samt Tür oder Pfosten losreißt, kann es zu gefährlichen Situationen kommen. Nutze einen Knoten, den du in einer Gefahrensituation schnell lösen kannst. Je nach Material reißen Stricke erst ab einer sehr hohen Belastung oder die Karabiner brechen.

## Akzeptanz beim Putzen

Sich putzen und anfassen zu lassen, ist für Pferde keine Selbstverständlichkeit, sondern muss geübt werden. In der Natur bedeutet Berührung durch Unbekannte grundsätzlich erst mal Gefahr – es könnte sich schließlich um lästige Insekten, Schlangen oder Raubtiere handeln. Trotzdem akzeptieren die meisten Pferde unsere Berührungen recht schnell, andere brauchen etwas Übung.

Bevor du dein Pferd putzt, solltest du es überall mit den Händen anfassen und leicht rubbeln können. Lass dein Pferd anfangs am Putzzeug riechen, damit es weiß, was gleich aufs Fell kommt. Bürste mit festen, aber nicht groben Strichen. Unangenehm ist es für Pferde, wenn du sehr zaghaft bist und dich anfühlst wie eine kitzlige Fliege. Harte Bürsten solltest du nur auf den Muskeln nutzen, achte darauf, dass du an knochigen Stellen nur weiche, fürs Pferd angenehme Bürsten verwendest. Falls es irgendwo zuckt oder ausweicht, lass die Hand liegen und nimm sie erst wieder weg, wenn das Pferd entspannt. Schreckst du zurück und nimmst die Hand weg, bestätigst du sein Verhalten. Achtung, ständiges Abwehrverhalten kann auch auf Verspannungen oder Schmerzen hindeuten.

Ist dein Pferd gesund und munter, sollte es sich am ganzen Körper anfassen lassen – auch an den heiklen Stellen. Wir müssen bei unseren Stuten auch mal das empfindliche Euter anfassen können oder Hengsten und Wallachen den Schlauch reinigen. Halte aber die Pflege der sensiblen Zonen immer so kurz wie möglich und finde lieber die Stellen, die dein Pferd gerne geputzt oder geschrubbt haben möchte.

Es gibt allerdings auch Pferde, die das Putzen generell nicht genießen, sondern nur akzeptieren. Respektiere dies und halte es dann so kurz wie möglich. Pferden ist es nämlich egal, wie sie aussehen und ob sie sauber sind.

## Hufe geben

Das Hufegeben üben wir bereits mit den Fohlen, denn sie werden regelmäßig vom Hufschmied kontrolliert und wenn nötig bearbeitet. Hier gilt das gleiche Prinzip wie beim Anbinden: Gestalte es fürs Pferd machbar und kurz. Das Hufegeben ist aus Sicht eines Pferdes zunächst einmal nicht angenehm, denn genau wie beim Anbinden nimmst du ihm die Möglichkeit der Flucht.

Zudem ist ganz normal, dass Pferde anfangs nicht lange auf drei Beinen stehen können, weil ihnen die Balance fehlt, es ist also nicht nur eine Vertrauens-, sondern auch eine Trainingssache.

Achte darauf, dass du bestimmst, wann der Huf gegeben und wann er wieder abgesetzt wird. Umfasse die Hufe nicht zaghaft, sondern wie bei einem angenehmen Händedruck, damit dein Pferd dich spüren kann. Finde den Moment, in dem du noch bestimmen kannst, wann das Pferd ihn wieder absetzen darf. Achte darauf, dass das Pferd den Huf nicht einfach wegzieht. Bring dich aber beim Training auf keinen Fall in Gefahr und bleibe immer seitlich neben deinem Pferd. Falls du bereits größere Probleme im Alltag beim Hufegeben hast oder beim Termin mit dem Schmied, hol dir unbedingt Hilfe von einem Trainer und übe es systematisch und in kleinen Schritten.

## Forderungsfreie Zeit

Verbringst du mit deinem Pferd genügend entspannte Zeit? Besuchst du es auf der Weide auch einfach mal so, kraulst es und gehst wieder? Oder sitzt du einfach mal bei ihm, wenn das Wetter schön ist, und beobachtest es beim Grasen? Machst du nur Dinge, die dir Spaß machen, oder auch Dinge, die dein Pferd gerne möchte?

Wenn Pferde den Menschen mit unangenehmen Dingen verknüpfen, werden sie seine Nähe meiden. Wird also das Holen von der Weide mit etwas Unangenehmem wie hartem Training verknüpft, wird das Pferd sich natürlich nicht gerne einfangen lassen. Dabei möchten wir ja, dass es gerne mit uns geht, dass es unsere Führungsqualitäten zu schätzen weiß und bei uns Sicherheit und Komfort findet. Wie gelingt das?

Indem du die gemeinsame Zeit für dein Pferd angenehm gestaltest. Ich gehe zum Beispiel sehr gerne mit meinen Pferden spazieren. Das setzt natürlich voraus, dass dein Pferd sich gut von dir führen lässt und dabei auch entspannt ist. Vielleicht ist es anfangs leichter, wenn du einen netten Pferdekumpel und deine Reiterfreundin mitnimmst.

Im Frühjahr, zu Beginn der Weidesaison, kannst du dein Pferd in dieser forderungsfreien Zeit gleich anweiden. Falls dein Pferd noch Mühe hat, allein vom Hof zu gehen, kannst du dein Training mit etwas Angenehmem verbinden: Ihr geht zusammen rund um den Hof grasen, und die Distanzen werden Stück für Stück größer. Falls dein Pferd zögert, allein vom Hof wegzugehen, starte in kleinen Schritten. Ein erster Spaziergang kann anfangs nur fünf Minuten dauern.

*Gemeinsam Zeit verbringen, ohne was zu fordern: Das geht gut beim Grasenlassen.*

## Vom Umgang mit Stress

Bei Stress ist der Körper in Alarmbereitschaft – Pferde sind dann schnell im Fluchtmodus. Stress ist aber nicht per se immer schlecht, die Verhaltensforscher unterscheiden zwischen Eustress und Distress. Ohne Stress geht's nämlich nicht, und es ist auch nicht immer die Lösung, dein Pferd vor jedem kleinsten Stress wie eine Helikoptermama zu bewahren.

Der sogenannte Eustress ist Stress, der sich auf einen kurzen Zeitraum bezieht und zu bewältigen ist – bei uns Menschen ist das zum Beispiel dann, wenn wir auf eine Prüfung lernen. Eustress steigert die Leistungs- und Lernfähigkeit. Distress hingegen schadet. Er tritt auf, wenn eine

*Entspannt im Training: Alle Pferde haben eine entspannte Maulpartie und spitzen neugierig die Ohren.*

Situation als bedrohlich oder überfordernd empfunden wird. Bei dieser Form des Stresses gibt es keine Lösung oder es ist kein Ende in Sicht. Bei uns Menschen kann das in einem Burn-out enden, man brennt aus und wird krank.

Häufiger Distress beeinflusst auch bei Pferden irgendwann das Immunsystem oder den Stoffwechsel. Zudem können Pferde Verhaltensstörungen wie Weben oder Koppen entwickeln. Negativer Stress behindert das Lernen, denn Stresshormone besetzen den Teil des Gehirns, der fürs Lernen zuständig ist. Deswegen hat es bei einem hohen Erregungslevel deines Pferdes auch überhaupt keinen Sinn, an Problemen zu arbeiten, es wird nichts dabei lernen.

Leider ist nicht jeder Stress offensichtlich. Klar, wenn dein Pferd mit hohem Hals und hohem Kopf nervös tänzelt, ist es gestresst. Jedoch gibt es auch verstecktere Zeichen. Im Gesicht kann man es gut erkennen: Gestresste Pferde haben eine angespannte Maul- und Augenpartie, ziehen die Nüstern oder den Bauch hoch, können überreagieren oder umgekehrt extrem apathisch sein und gar nicht mehr reagieren.

Stress kann auch durch unpassende Haltung und Fütterung entstehen, die die natürlichen Bedürfnisse deines Pferdes nicht befriedigen. Das passiert, wenn es sich nicht ausreichend bewegen kann, zu wenig Raufutter bekommt oder ihm die Sozialkontakte fehlen. Aber auch dein Training ist entscheidend. Sowohl Über- als auch Unterforderung kann Pferde stressen. Auch hier gilt: Wenn du Probleme mit deinem Pferd hast, hol dir Hilfe von einem Experten – es gibt mittlerweile viele Trainer, die auf Pferdeverhalten spezialisiert sind.

## Medical Training

Ein Tierarzt wird von Pferden oft negativ verknüpft. Das liegt daran, dass er meistens dann kommt, wenn das Pferd Schmerzen hat oder gepikst werden muss. Er muss ins Maul schauen, die Temperatur messen oder eine Spritze geben. Auch die Gabe von bitteren Wurmkuren oder Schmerzmitteln über eine Maulspritze ist für Pferde nicht angenehm. Doch auch darauf kannst du dein Pferd mit Training vorbereiten – man spricht von Medical Training.

*Wichtig:*

Beginne mit diesem Training erst, wenn dein Pferd Berührungen an den weniger sensiblen, gut bemuskelten Zonen erlaubt und beim normalen, täglichen Putzen entspannt ist (siehe 70).

### Maulspritzen

Das Pferdemaul ist eine sehr sensible Zone, an die wir aber hin und wieder heranmüssen – sei es für eine Untersuchung oder für die Gabe von Wurmkuren oder Medikamenten. Am besten bindest du dein Pferd dazu los und legst dir den Strick über den Unterarm. Bevor du übst, einen Gegenstand in die Maulspalte zu schieben, solltest du deinem Pferd den ganzen Kopf vorsichtig mit runden Kreisen massieren. Nach und nach massierst du vorsichtig Richtung Außenseite des Mauls, nicht grob, aber auch nicht zu zaghaft.

Im Horsemanship spricht man von Annäherung und Rückzug. Also nähere dich den sensiblen Zonen, ziehe dich aber immer wieder zurück, bevor das Pferd deine Massage abwehrt. Bleiben Nase und Lippen entspannt, kannst du es auch im Maul am Zahnfleisch massieren. Dazu schiebst du deine Finger unter die Unterlippe und am Zahnfleisch entlang, ebenso entlang der Unterlippe. Das ist z. B. wichtig, wenn der Tierarzt die Farbe des Zahnfleisches prüfen möchte, um den Kreislauf zu beurteilen.

Sobald sich dein Pferd gut am Maul anfassen lässt, kannst du es mit einer Spritze am Maul berühren. Fülle sie mit Apfelmark und trage außen etwas davon auf, damit es daran lecken kann. Spritze erst dann etwas davon ins Maul. Wiederhole diese Übung einige Zeit täglich, dann wird dein Pferd seine Einstellung zu Maulspritzen schnell ändern. »Entwurme« es immer mal wieder mit leckerem Apfelmark, sodass die Leckerei zur Regel wird und die Medizin oder die Wurmpaste zur Ausnahme.

### Temperatur messen

Die Temperatur wird bei Pferden rektal, also im After, gemessen. Das ist an sich nicht schmerzhaft, doch auch der Bereich unter dem Schweif ist sehr sensibel, vor allem bei Stuten. Bei einer Kolik oder bei trächtigen Stuten muss der Tierarzt auch hin und wieder das Pferd rektal untersuchen. Es ist deswegen wichtig, dass dein Pferd sich am After gut anfassen lässt und du die genaue Normaltemperatur von deinem Pferd kennst. Bevor du gleich das Fieberthermometer reinsteckst, solltest du das Pferd wieder in kreisenden Bewegungen massieren. Taste dich von den gut bemuskelten Zonen wie den Pobacken Richtung Schweifrübe und unter die Schweifrübe. Kannst du deinem Pferd den Schweif anheben, ohne dass es kneift? Massiere es am Schweif, das mögen Pferde sehr gerne, hier schubbern sie sich ja auch selbst. Akzeptiert es die Massage, kannst du die Schweifrübe von unten massieren. Führe das Thermometer nur ganz knapp ein, das Pferd zieht es sich dann mit einem natürlichen Reflex tief genug ein. Warte, bis das Thermometer die Temperatur anzeigt. Zieh es dann vorsichtig und langsam heraus.

Die normale Körpertemperatur liegt beim Pferd zwischen 37 und 38 Grad Celsius. Ab 38,5 Grad Celsius spricht man von Fieber, ab 39 Grad Celsius spricht man von hohem Fieber, ab über 40 Grad bewegt es sich im lebensgefährlichen Bereich. Sobald dein Pferd Fieber hat, solltest du deinen Tierarzt rufen.

Mit dem Medical Training solltest du es nicht übertreiben. Akzeptiert dein Pferd medizinische Behandlungen gut, musst du es damit nicht jeden Tag nerven. Aber überprüfe immer mal wieder, ob es gut kooperiert, und wenn nicht, trainiere von Zeit zu Zeit.

## Achtsam mit dem Pferd

Dein Training mit dem Pferd endet nicht etwa auf dem Reitplatz oder am Putzplatz. Dein Training endet, wenn du dein Pferd zurück in den Paddock, seine Box oder auf die Weide bringst. Warte, bis es den Kopf senkt, damit du das Halfter abziehen kannst. Wendet sich das Pferd direkt ab und ergreift die Flucht? Hoffentlich nicht. Kraule es noch am Widerrist und kopple dich dann gedanklich von ihm ab.

### *Tipp:* Sei ganz bei deinem Pferd

In unserer hektischen Zeit machen wir gerne viele Dinge gleichzeitig: Wir telefonieren, während wir das Pferd nebenbei aufhalftern, wir tratschen mit den Stallkollegen, während wir putzen, wir tippen eine Nachricht auf dem Handy, während wir Schritt reiten. Gleichzeitig verlangen wir aber die volle Aufmerksamkeit von unserem Pferd. Ganz schön unfair und auch ein wenig respektlos, oder? Dabei möchten wir doch eine gute Partnerschaft, und dazu gehört gegenseitige Wertschätzung. Deswegen: Sei ganz bei deinem Pferd, schalte das Telefon aus und nutze ruhige Zeiten im Stall, um mit deinem Pferd zu sein. Die bekommen nämlich mehr mit, als du denkst. Sie scannen uns die ganze Zeit und spüren genau, ob wir gute Partner sein können.

## Wer ist mein Pferd?

Jedes Pferd ist ein Individuum und hat seinen ganz eigenen Charakter und eigene Stärken. Da ich so viele Pferde habe, kann ich sie alle in dem fördern, was sie gerne machen. Weißt du, welchen Charakter dein Pferd hat und was ihm Freude bereitet? Ist es eher schüchtern und zurückhaltend oder selbstbewusst und unternehmungslustig? Egal, was für ein Typ dein Pferd ist, ihm hilft deine Führung, um Vertrauen und Respekt im Gleichgewicht zu halten. Der Charakter eines Pferdes ist angeboren, formt sich aber durch Erziehung und Erfahrung.

*Jedes Pferd hat einen eigenen Charakter und eigene Talente. Finde heraus, was deinem Pferd gefällt.*

Versuche dein Pferd so auszubilden, dass es Freude mit dir hat. Schon durch seine Rasse ist es für bestimmte Sparten geeigneter als für andere. So kannst du natürlich auch mit einem Kaltblüter Dressur reiten, und auch ihm tut diese Gymnastik sehr gut, jedoch wirst du ein solches Pferd mit langen Ausdauereinheiten im Galopp überfordern, denn es ist von seinem Ursprung her dazu gemacht, viel Kraft in kurzer Zeit aufzubringen, zum Beispiel um Baumstämme aus dem Wald zu ziehen. Umgekehrt liebt es der Araber, weite Strecken im Gelände zurückzulegen, er ist geradezu fürs Ausdauertraining gemacht, und deswegen hat sich diese Rasse auf Distanzrennen bis zu 160 Kilometern durchgesetzt. Ein Araber wird eher nicht glücklich sein, wenn er nur spazieren geführt wird. Rassen, die für die Kutsche gezüchtet wurden, haben oft Mühe mit dem

Galopp, da diese Gangart dafür nicht so entscheidend ist. Das Quarter Horse ist ursprünglich ein Arbeitspferd. Bei der Arbeit auf der Ranch muss es zuverlässig ruhig stehen, auch mal stundenlang, bei der Arbeit am Rind muss es sehr beweglich sein, blitzschnell reagieren und leicht zu führen sein.

Natürlich kann man im Freizeitbereich mit jeder Rasse in unterschiedlichen Sparten glücklich werden. Ich möchte euch nur dazu inspirieren, auf die Stärken eures Pferdes einzugehen. Jede Rasse ist mal zu einem bestimmten Zweck gezüchtet worden, und man kann auch bei uns Menschen nicht aus einem Gewichtheber einen federleichten Weltklasseturner zaubern. Deswegen findet heraus, wo die Talente und Vorlieben eurer Pferde liegen. Das Schöne an der Boden- und Freiarbeit ist, dass man sie sehr gut an den jeweiligen Pferdetyp anpassen kann. Dadurch ist diese Art der Arbeit für Groß und Klein, Alt und Jung gleichermaßen geeignet!

## Entspannt im Pferdehänger

Das Verladetraining füllt ganze Bücher und ist ein riesengroßes Thema. Ich möchte dir ein paar grundsätzliche Tipps und Anregungen dazu mitgeben, weil ich es so wichtig finde, dass Pferde sich gut verladen lassen – allein deswegen, weil es Leben retten kann. In einem Notfall kann man schnell in die Klinik fahren, und manchmal zählen Minuten.

Aus Sicht des Fluchttiers Pferd ist ein Pferdehänger eine sehr enge, wacklige Kiste, in der es gefangen ist. Er ist also kein besonders attraktiver Ort für Pferde, sondern oft ein wahrer Ort des Grauens. Trotzdem gibt es Pferde, die mit wenig Training gut einsteigen, umgekehrt gibt es Tiere, die partout nicht einsteigen wollen, obwohl nie etwas Negatives vorgefallen ist. Und es gibt Pferde, die schlechte Erfahrungen mit dem Hänger gemacht haben. Am Ende des Tages ist Verladen aber eine Frage der Übung.

Und: Je besser eure Beziehung, desto leichter wird es deinem Pferd fallen, in den Hänger zu steigen. Stimmen Vertrauen und Respekt, bereitet es deinem Pferd normalerweise keine Probleme, sich von dir in den Hänger schicken zu lassen. Auch hier gilt: Gibt es Probleme beim Verladen, hole dir Hilfe von einem erfahrenen Trainer. Beim Einsteigen ist das Timing von Druck und Drucknachlass enorm wichtig. Auch

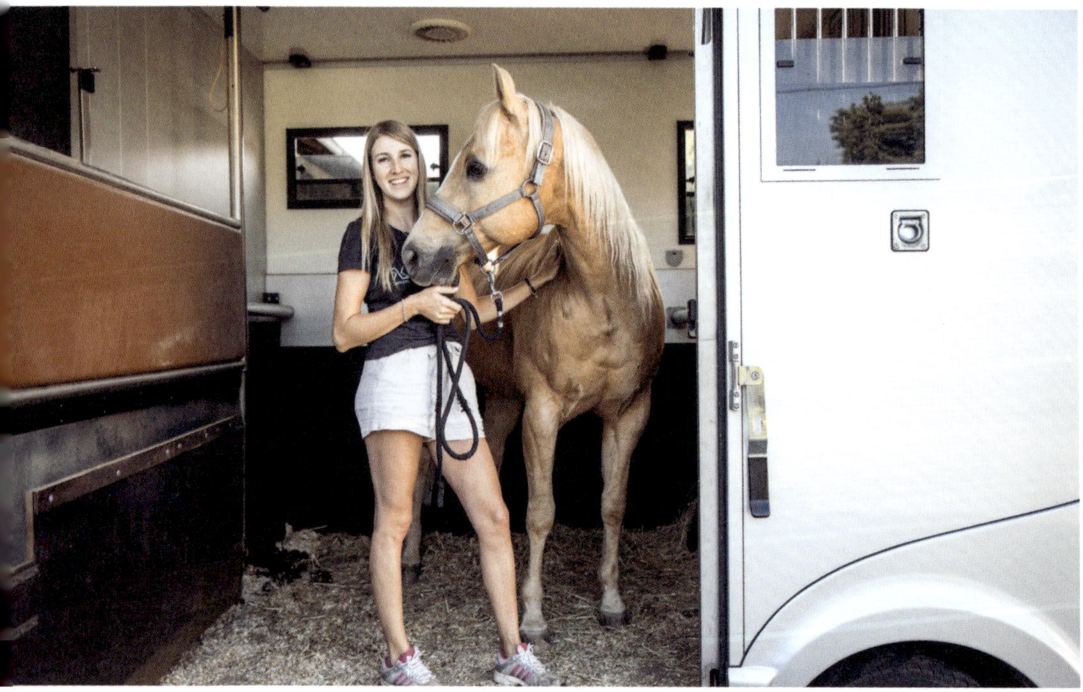

*Wally steigt sehr entspannt in den Hänger und Transporter ein.*

musst du das Verhalten deines Pferdes richtig einschätzen können. Verladetraining sollte man in viele kleine Einzelschritte zerlegen, die man mit dem Pferd behutsam übt.

Hängertraining ist besonders effektiv, wenn du es in die Bodenarbeit integrierst und den Hänger zum Beispiel als Pausenplatz zwischen anstrengenden Übungen anbietest. Es geht dann nicht darum, dass es gleich komplett einsteigt, sondern vielleicht mit den Vorderbeinen auf der Rampe steht, irgendwann alle vier Beine auf der Rampe und die Nase im Hänger hat, später dann vielleicht ganz drinsteht. So wird dein Pferd den Hänger nach und nach genau wie seinen Stall als Wohlfühlort wahrnehmen. Bekommt dein Pferd Kraftfutter? Füttere es in Zukunft einfach immer am Hänger oder im Hänger, und es wird diesen Ort lieben lernen.

Tipp:

Außerdem finde ich es wichtig, mit dem Hänger tolle Ausflüge mit den Pferden zu machen. Beispielsweise sie auf die Weide zu fahren, zum Ausreiten zu fahren oder einfach für einen Spaziergang wegzufahren. So lernen die Pferde auch das Wegfahren positiv zu verknüpfen und nicht, dass es bei einer Hängerfahrt immer zum anstrengenden Training oder aufs Turnier geht. Ich mache mit meinen Pferden viele tolle Ausflüge, und so lieben sie alle das wegfahren.

### Meine Erfahrung mit Paquito

Als ich Paquito gekauft habe, musste er mehrere Stunden im Hänger fahren. Er machte keinerlei Probleme beim Einladen, fing aber an zu toben, als wir losfuhren. Wir hatten wirklich Angst, dass er sich was antut. Für uns stand fest: Das Hängerfahren müssen wir sofort üben, wenn er bei uns zu Hause ist. Für mich ist es existenziell, dass meine Pferde gerne fahren, denn es ist ja unser Job, zu Filmdrehs, Messen oder Shows zu reisen.

Wie habe ich das Problem gelöst? Paquito freundete sich schnell mit Wally an, und Wally fährt tiefenentspannt im Hänger. Also verlud ich beide gemeinsam und fuhr sie häufiger kurze Strecken zwischen den Weiden hin und her. So konnte er die Fahrten positiv verknüpfen, die Strecken waren kurz, und er hatte seinen Freund dabei. Mittlerweile fährt Paquito ebenfalls ohne Panik mit.

Außerdem ist es mir wichtig, dass ich die Pferde auch alleine verladen kann. Dazu müssen sie sich reinschicken lassen, damit ich in Ruhe die Stange schließen kann. Bei meinen Verladeprofis kann ich jeden Schritt bestimmen: vorwärts, rückwärts, anhalten.

**Tipp: zum Ausladen**

Trink noch einen Kaffee oder mach eine kleine Verschnaufpause, bevor du dein Pferd auslädst, und lass es nur aussteigen, wenn es ruhig ist. Verknüpfe das Anhalten nicht mit Unruhe und dem sofortigen Öffnen der Rampe. Das Pferd soll immer entspannt sein, wenn du es auslädst.

*Kapitel 3*

# DAS TRAINING BEGINNT – DIE BODEN-ARBEIT

# WIE WIRKE ICH AUFS PFERD?

Um mit Pferden kommunizieren zu können, ist eure eigene Körpersprache extrem wichtig. Pferde sind wahre Meister darin, Bewegungen von uns oder von anderen Tieren zu erkennen und einzuschätzen. Habt ihr schon mal die wilden Verwandten der Pferde, die Zebras, in Tierfilmen oder bei einer Safari beobachtet? Liegen die Löwen oder andere Raubtiere träge und vollgefressen im Schatten, sind die Zebraherden relativ entspannt, obwohl die Feinde in Sichtnähe sind. Sie beobachten sie weiterhin, bleiben aber ruhig und sparen ihre Energie für den Ernstfall oder wenn sie merken, dass die Raubtiere aufstehen.

Natürlich wissen unsere Pferde genau, dass wir keine Raubtiere oder Fressfeinde sind und dass wir ihnen wohlgesinnt sind. Was ich aber mit den Zebras erklären möchte, ist, dass Pferde sehr gut Körpersprache lesen können, weil es ihre bevorzugte Art der Kommunikation ist. Wir Menschen nutzen gerne die Sprache und können natürlich auch im Umgang mit unseren Pferden Sprachkommandos nutzen. Jedoch hat für Pferde unsere Körpersprache einen höheren Stellenwert und ist auf eine natürliche Weise verständlich für sie.

Pferde können unsere Körperspannung sofort einschätzen, diese überträgt sich auch direkt aufs Pferd – gewollt oder ungewollt. Deswegen spüren Pferde so leicht, wenn ihr Angst habt oder aufgeregt seid. Pferde hören doppelt so gut wie wir Menschen; angeblich können sie sogar aus einem Meter Entfernung unseren Herzschlag hören. Also ist es kein Wunder, dass Pferde sich bei unterschiedlichen Menschen unterschiedlich verhalten.

Eine wichtige Rolle spielt auch deine Energie. Lerne, sie zu dosieren. Bist du entspannt und hast deinen Blick abgewendet, vielleicht sogar auf den Boden, ist Pause. Wenn du etwas von deinem Pferd verlangst, baust du Energie auf. Konzentriere dich auf den Körperteil deines Pferdes, den du bewegen möchtest. Kennt dein Pferd dieses Spiel mit der Energie, erleichtert dies sowohl Aktivität als auch ruhiges Stehen (siehe Kapitel 2, Anbinden am Putzplatz). Mit seiner Körpersprache und seiner Energie umzugehen, kann man lernen, indem man achtsam mit sich selbst ist.

## Berührung und Drucknachgiebigkeit

Bevor wir mit reiner Körpersprache arbeiten, müssen Pferde zunächst lernen, auf Berührung oder Druck nachzugeben. Wie oben beim Anbinden erklärt, gehen Pferde auf Berührung an Genick, Bauch, Schulter etc. anfangs natürlicherweise dagegen. Wenn Pferde in der Natur von anderen Tieren berührt werden – sei es durch ein Raubtier, eine Schlange oder Insekten –, bedeutet das Gefahr oder ist lästig, deswegen erstarren sie oder wehren sich.

Im Umgang und beim Reiten ist es aber später wichtig, dass Pferde dem Druck weichen, z. B. auch dem Schenkel- oder Zügeldruck.

Bevor ich mit dem Weichen beginne, sollte sich das Pferd ohne Stress überall von mir berühren lassen. Deswegen streicheln wir unsere Fohlen schon kurz nach der Geburt und zeigen ihnen, dass Berührungen nichts

Schlimmes sind. Sie ähneln vielmehr der gegenseitigen Fellpflege, bei der sich die Pferde mit den Zähnen beknabbern, auch an jenen Stellen, an die sie selbst nicht so gut herankommen, zum Beispiel am Widerrist.

## Warum Bodenarbeit allen Pferden hilft

Da es bei der Bodenarbeit um Kommunikation und Körpersprache geht, ist es für mich ein super Beziehungstraining. Bodenarbeit und Freiarbeit eignen sich für Pferde in jedem Alter und auf jedem Ausbildungslevel, denn man kann sie genau an die Bedürfnisse des jeweiligen Pferdes anpassen. Hast du noch ein sehr junges Pferd, hältst du die Einheit kurz (höchstens 10 bis 20 Minuten) und gelenkschonend (keine harten Starts oder Stopps), du arbeitest eher in niedrigen Gangarten. Ähnliches gilt für Pferde mit Handicaps oder ältere Pferde. Sie sollten gut aufgewärmt werden und engere Wendungen, wenn überhaupt, nur im Schritt machen. Am besten besprichst du dich vorher mit deinem Tierarzt, was dein älteres oder gehandicaptes Tier darf. Pferde, die gut trainiert und im besten Alter sind, dürfen natürlich in allen Gangarten am Boden arbeiten. Generell beginnen wir aber im Schritt und tasten uns an die schnelleren Gangarten heran.

## Wir beginnen mit Halfter und Strick

Das Training beginnt immer mit Halfter und Strick, das Seil ist deine Sicherheit und hilft dir anfangs bei der Kommunikation. Du nimmst am besten ein Knotenhalfter und ein Bodenarbeitsseil mit rund vier Metern Länge. Ich nutze das Knotenhalfter, da es dünner und dadurch

*So sollte ein passendes Knotenhalfter sitzen.*

*Damit das Halfter nicht so leicht verrutscht, sollte zwischen Halfter und Kinn nur wenig Luft sein.*

genauer ist. Durch das dünne Seil und die Knoten kann es aber auch sehr scharf wirken, wenn man daran stark ruckt. Das sollte man bei dieser Art Halfter unbedingt vermeiden. Mir ist es aber wichtig, dass meine Pferde auf jede Art von Halfter gut reagieren. Außerdem nutze ich eine Gerte, die meinen Arm verlängert. Das kann eine Dressurgerte sein oder eine etwas längere Bogenpeitsche. Die langen Longierpeitschen nutze ich nur beim Longieren, für die Bodenarbeit sind sie mir zu unpraktisch. Festes Schuhwerk, in dem du gut laufen kannst, ist natürlich auch Pflicht. Handschuhe kannst du gerne tragen, wenn du empfindliche Hände hast, sie erhöhen deine Sicherheit, falls das Pferd dir doch mal den Strick durch die Hand zieht.

## Wie belohne ich in der Bodenarbeit?

Im Gegensatz zum Tricktraining arbeite ich bei der Bodenarbeit strikt ohne Leckerlis. Die Pferde werden durch Stimme, Streicheln und Pausen belohnt. Ich möchte nicht, dass mir meine Pferde folgen, weil sie Leckerlis wollen. Ich möchte, dass wir miteinander kommunizieren und die Pferde lernen, auf meine Körpersprache und meine Energien zu achten. Jedes Pferd reagiert anders auf Lob und lässt sich unterschiedlich motivieren. Ein Lob gilt nur als Lob für das jeweilige Pferd, wenn sich dadurch auch seine Motivation erhöht. Finde also heraus, was deinem Pferd gefällt. Auch der Mensch muss lernen zu loben. Ich begegne vielen Menschen, die selbst erst lernen müssen, sich richtig zu freuen und ihre Stimme positiv einzusetzen.

## Tipp: Weichende Übungen vor ansaugenden Übungen

Bevor du mit Übungen startest, bei denen dein Pferd auf dich zukommt, sollten alle weichenden Übungen sowie das Rückwärts gut funktionieren. Bei Übungen, bei denen das Pferd auf dich zukommt (Seitwärts auf dich zu, Abrufen), besteht die Gefahr, dass das Pferd dich schubst oder sich nicht früh genug stoppen lässt und dich umrennt. Deswegen solltest du zuerst sicherstellen, dass du das Pferd jederzeit aus deinem persönlichen Raum schicken kannst. Das ist für deine Sicherheit wichtig und zeigt dir, ob dein Pferd respektvoll ist. Das Pferd akzeptiert dich in der Führung, wenn du es gut aus deinem persönlichen Tanzbereich schicken kannst, das Prinzip kennt es aus dem Herdenleben. Machst du ihm oft Platz und gibst ihm zu früh zu viel von deinem Raum, besteht die Gefahr, dass es selbst die Führung übernimmt. Das passiert häufig bei eher selbstbewussten Pferden.

Wenn du dein Pferd sehr viel zu dir holst und nah bei dir arbeitest, wirst du irgendwann Mühe haben, es auf Distanz zu schicken, etwa beim Longieren. Diese Erfahrung habe ich selbst am Anfang mit Wally gemacht. Durch die Übungen in diesem Kapitel lernst du, jeden Körperteil deines Pferdes isoliert zu bewegen, es wegzuschicken und wieder herzuholen. Das hilft dir später, wenn du komplett ohne Seil arbeitest.

*Um den Kopf abzusenken, stehst du seitlich neben dem Pferd und legst deine Hand aufs Genick.*

*Wally ist nachgiebig und senkt auf leichten Druck den Kopf ab.*

## Kopf absenken – eine wichtige Übung

Ein gesenkter Kopf ist für ein Pferd grundsätzlich ein Zeichen der Entspannung. In dieser Position fressen oder dösen Pferde. Dabei sind Hals und Rücken entspannt. In dieser Position können sie aber auch nicht mehr alles um sich herum wahrnehmen, sodass sie den Kopf nur dann absenken, wenn sie sich sicher fühlen. Wenn der Pferdekörper in eine entspannte Haltung versetzt wird, schüttet das Gehirn beim Kopfabsenken Glückshormone aus. Ihr könnt euer Pferd also aktiv dabei unterstützen zu entspannen und merkt gleichzeitig, ob euch euer Pferd vertraut.

Achte auf eine ruhige Umgebung ohne große Ablenkung. Du stehst seitlich neben deinem Pferd und legst deine Hand auf die Nackenmuskeln deines Pferdes, die direkt hinter dem ersten Halswirbel, dem Atlas, liegen. Dein Daumen bleibt auf der einen Halsseite, die restlichen Finger liegen auf der anderen Seite.

Dann übst du leichten Druck aus, bis das Pferd den Kopf senkt, eine leichte Abwärtstendenz reicht zu Beginn aus. Deine Hand bleibt liegen, aber den Druck nimmst du bei einer Reaktion sofort weg. Reagiert das Pferd nicht oder drückt es sogar dagegen, erhältst du den Druck aufrecht, aber erhöhst diesen nicht. Beende die Übung erst, wenn das Pferd das Nachgeben nach unten als Lösung gefunden hat. Achte darauf, ob das Pferd dabei weiter ab und an blinzelt, dann ist es auch wirklich entspannt und hat die Übung verarbeitet.

Wichtig ist, dass du bei dieser Übung selbst völlig entspannt bist, dann kann sich dein Pferd auf dich verlassen und weiß, dass um euch herum alles in Ordnung ist.

Diese Übung kannst du später nutzen, wenn dein Pferd abgelenkt ist, und zur Überprüfung, ob es dir vertraut und deinem Druck respektvoll nachgibt.

## Rückwärts weichen

### Druck auf die Nase

Dazu legst du deine Hand auf den Nasenrücken deines Pferdes, weit genug oben, sodass du noch auf dem knöchernen Teil bist. Umfasse die Nase, dabei bleibt der Daumen auf der einen Seite, die restlichen Finger sind auf der anderen Seite. Drücke zunächst ganz leicht, dann verstärkst du den Druck vorsichtig in drei Stufen. Sobald das Pferd das Gewicht nach hinten verlagert, gibst du nach, lässt aber deine Hand liegen. Bei der nächsten Wiederholung steigst du wieder mit dem feinsten Druck ein und bleibst so lange dran, bis das Pferd einen Schritt rückwärts macht. Klappt das gut, kannst du mehrere Tritte verlangen und immer darauf achten, dass das Pferd feiner und früher reagiert. Du gibst ihm immer wieder die Chance, auf die feinste Druckstufe zu reagieren.

### Druck an der Brust

Bei dieser Übung legst du deine Hand auf die Pferdebrust und fragst dein Pferd in drei Druckstufen nach Rückwärts. Anfangs lässt du den Druck nach, sobald das Pferd sein Gewicht nach hinten verlagert. Im nächsten Step verlangst du einen Tritt, dann mehrere Tritte. Anfangs wirst du vermutlich noch die höheren Druckstufen brauchen, Ziel ist es, dass du nach ein paar Trainingseinheiten dein Pferd mit der feinsten Druckstufe rückwärts bewegen kannst.

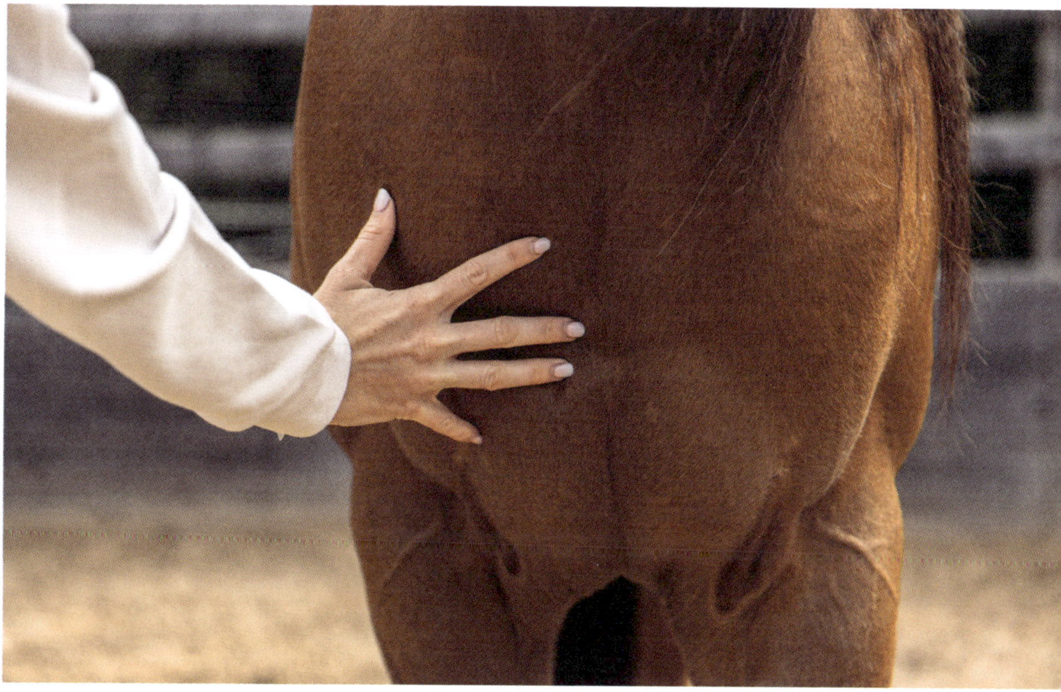

*Um das Pferd rückwärts zu bitten, legst du deine Hand an die Pferdebrust.*

## Mit der Hinterhand auf Berührung weichen

Das Hinterhandverschieben kennen viele Reiter vom Putzplatz oder in der Box, wenn man das Pferd bittet, Platz zu machen. Die Hinterhand lässt sich meistens etwas leichter bewegen als die Vorhand. Das liegt daran, dass auf ihr weniger Gewicht lastet als auf der Vorhand. Um die Hinterhand zu bewegen, legst du deine Hand hinter die Flanke und baust langsam mit deinem Zeigefinger Druck auf. Sobald sich das Pferd bewegt, gibst du nach. Falls dein Pferd nach vorn wegläuft, kannst du den Kopf zu dir holen, indem du den Strick annimmst. Verlange anfangs nur einen Schritt zur Seite und beginne wieder mit der feinen Druckstufe. Hat das Pferd verstanden, dass es einen Schritt machen soll, verlange zwei und später eine ganze Drehung.

## Vorhand und Schulter weichen

Wenn Pferde sich untereinander bewegen, hat es eine große Bedeutung, wer die Schulter des anderen bewegen kann – das ist der Ranghöhere. Pferde können ihre Schulter nutzen, um den Menschen zu schieben und zu schubsen. Um die Vorhand zu bewegen, greifst du mit einer Hand ins Halfter und stellst es leicht nach außen von dir weg, mit der anderen Hand fasst du an die Schulter. Dann baust du wieder Druck in mehreren Stufen auf, bis das Pferd seine Vorhand um die Hinterhand bewegt. Dabei kannst du mit deinem Körper den Weg nach vorne versperren, damit es tatsächlich wendet. Verlange anfangs nur einen Tritt, später eine ganz Drehung. Auch hier ist das Ziel, dass dein Pferd irgendwann auf die niedrigste Druckstufe fein reagiert. Führe diese Übung immer von beiden Seiten aus. Es ist ganz normal, dass sie auf einer Seite besser funktioniert als auf der anderen. Pferde sind genau wie wir Rechts- oder Linkshänder.

## Warum alles auf beiden Seiten üben?

Ein Pferd hat wie wir Menschen zwei Gehirnhälften, allerdings sind diese viel schlechter verknüpft. Forscher vermuten, dass in ihrem Gehirn der Austausch zwischen beiden Gehirnhälften langsamer abläuft als bei uns. Deshalb ist es extrem wichtig, beide Seiten zu trainieren. Außerdem sehen sie mit beiden Augen unabhängig voneinander und haben durch die seitliche Lage einen Rundumblick, wenn sie den Kopf drehen. Der Bereich, in dem Pferde räumlich sehen, ist deutlich kleiner als bei uns Menschen. Daher müssen sie immer alles von beiden Seiten üben und trainieren, damit beides im Gehirn abgespeichert ist.

*Tipp:*

Es ist wichtig, von jeder Aufgabe ein Bild von dem genauen Ablauf der Übung vor Augen zu haben. Man sollte sich immer im Klaren darüber sein, was man genau vom Pferd erwartet. Denn wie soll das Pferd verstehen, was es tun soll, wenn man es selbst nicht weiß? Ohne ein genaues Ziel vor Augen sollte man nicht mit dem Training beginnen. Damit das Gelernte positiv verknüpft wird, sollte man bei jeder Übung ein positives Ende finden.

Frage Lektionen, die deinem Pferd schwerfallen, eher kurz ab und belohne den Fortschritt, indem du in einem guten Moment aufhörst. Das kann zum Beispiel beim Seitwärts schon nach einem guten Tritt sein. Wenn du Lektionen oft wiederholst, obwohl das Pferd sie gut macht, könnte es denken, dass es irgendwas falsch macht.

Klappt es heute mit einer vollständigen neuen Lektion nicht, gehe einfach auf einen Teilschritt deiner Übung zurück – etwa dass das Pferd beim Verladetraining den Huf auf die Rampe setzt oder falls es beim Seitwärts mit der Vorhand hakt, lass nur die Vorhand weichen und beende, wenn es gut war. Noch besser: Beende mit einer Paradelektion deines Pferdes und schicke es danach in den Feierabend. So geht dein Pferd mit einem guten Gefühl aus dem Training und ist beim nächsten Mal wieder motiviert.

## Führen mit Körpersprache

Führen gehört schon zum Fohlen-ABC, und trotzdem kann man diese Übung im Laufe des Trainings immer weiter verfeinern. Sie ist eine wichtige Basis, um später frei mit dem Pferd zu arbeiten.

Die Pferde sollten als Voraussetzung für das Führtraining zumindest halfterführig sein und keine Angst vor der Gerte haben. Zunächst ist es wichtig, sich Gedanken zur eigenen Führposition und Körpersprache zu machen. Die perfekte Führposition liegt für mich zwischen Ganasche und Schulter des Pferdes, so habe ich das Pferd am besten im Blick. An dieser Stelle befindet sich für das Pferd die sogenannte »Komfortzone«. Hier soll sich das Pferd immer wohlfühlen. Wenn das Pferd in dieser Position ist, atme ich ruhig und entspanne mich.

Zum Anführen nehme ich die Gerte in die äußere Hand und stelle mich an die Position zwischen Ganasche und Schulter des Pferdes. Es ist jetzt extrem wichtig, seinen Körper gezielt einzusetzen. Zum Losführen verlagere ich mein Gewicht nach vorne, indem ich mich leicht vorlehne. Mein Stimmkommando zum Losgehen ist Schnalzen. Kommt keine Reaktion, tippe ich es mit der Gerte an der Hinterhand an. Beim Laufen sollte das Pferd im Idealfall immer in dieser Komfortzone bleiben. Wird das Pferd zu langsam, schnalze ich erneut oder tippe es an. Ich versuche – so gut es geht – das Seil immer durchhängen zu lassen, es dient dir nur als Sicherheit. Ziel ist es ja, später ohne das Seil zu arbeiten. Anfangs werden die Pferde häufig noch eine leichte Unterstützung oder Erinnerung mit dem Seil brauchen. Hier gibst du wenn nötig einen kurzen Impuls, entspannst direkt nach der Reaktion des Pferdes wieder und lässt das Seil durchhängen. Wird das Pferd zu schnell, bremse ich es,

*Zwischen Schulter und Ganasche des Pferdes liegt für mich die optimale Führposition.*

indem ich die Gerte vor das Pferd nehme. Wichtig ist, anfangs nicht zu schnell loszugehen oder abrupt zu stoppen. Das Pferd soll eine Chance haben, reagieren zu können.

In das Führtraining kannst du jederzeit Volten und Linien einbauen. Achte darauf, dass du dich zuerst deutlich in die Richtung der Volte drehst und das Pferd somit in die jeweilige Richtung einlädst. Ich locke meine Pferde zunächst mit der Stimme. Es ist wichtig, darauf zu achten, dass das Pferd in der Volte nicht zu weit nach hinten fällt, weil es ja den längeren Weg hat. Anfangs passiert das automatisch, dann gibst du einfach dein Stimmkommando für mehr Vorwärts. Reagiert das Pferd nicht, tippst du es an der Hinterhand an oder gibst einen leichten Impuls am Seil. Zuerst nutze ich aber immer meine Körpersprache, bevor ich Gerte oder Seil einsetze. Denn später soll das Pferd ja allein darauf reagieren.

**Anführen:**

**Step 1:** Den Oberkörper nach vorne nehmen

**Step 2:** Stimmsignal (Schnalzen)

**Step 3:** Losgehen. Wenn das Pferd reagiert, entspannt weitergehen. Reagiert es nicht, mit der Gerte antippen.

*Zum Anführen nimmst du deinen Oberkörper deutlich nach vorne. (Step 1)*

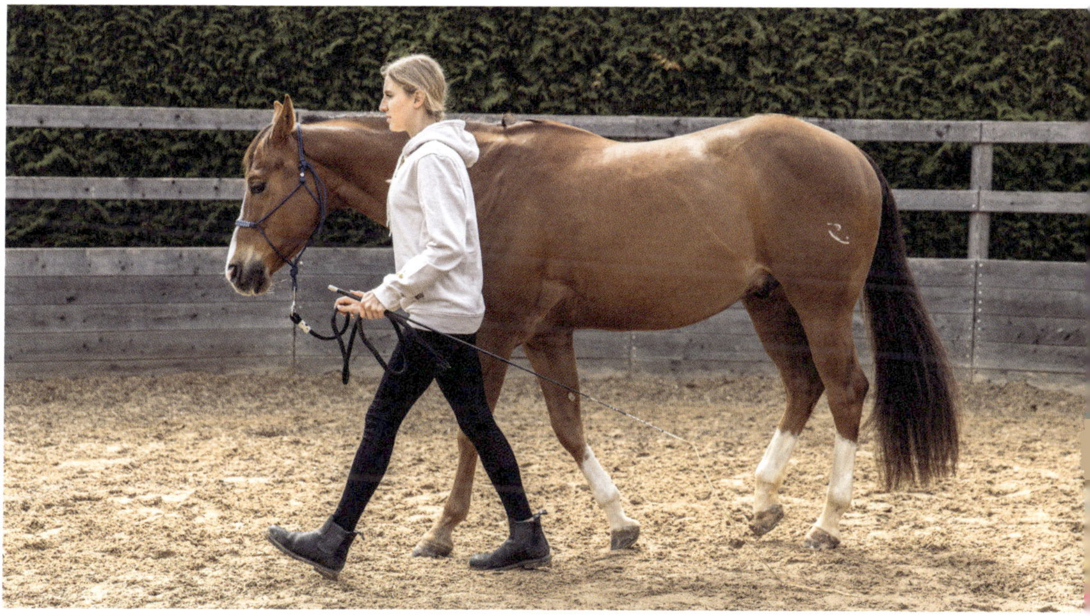

*Gainesville ist sehr aufmerksam und hat die Ohren auf mich gerichtet. (Step 3)*

## Anhalten:

**Step 1:** Den Oberkörper nach hinten nehmen

**Step 2:** Stimmsignal (»Whoaa«)

**Step 3:** Anhalten. Reagiert das Pferd nicht, die Gerte vor das Pferd halten, reagiert es immer noch nicht, an der Brust antippen.

Wird es deinem Pferd zu langweilig, kannst du Übergänge einbauen, also vom Schritt zum Halten, zum Antraben oder auch innerhalb der

*Zum Anhalten nimmst du deinen Oberkörper deutlich zurück. Fürs Foto haben wir hier extra ein wenig übertrieben. (Step 1)*

*Reagiert das Pferd noch nicht allein auf die Körpersprache, unterstützt dich die Gerte an der Brust als Stopphilfe. (Step 3)*

Gangart schneller oder langsamer gehen und darauf achten, dass dein Pferd immer synchron mit dir läuft.

## Rückwärts bringt dich vorwärts

Das Rückwärtsrichten ist eine wichtige Voraussetzung für die Freiarbeit und gehört für mich zur Grundausbildung eines jeden Pferdes. Im Tricktraining ist es beispielsweise die Voraussetzung, um das Kompliment zu erlernen. Auch im Alltag braucht man es immer wieder. Das Rückwärtsrichten hat für die Pferde auch einige körperliche Vorteile: Sie lernen, ihren Körper besser auszubalancieren, und es mobilisiert den Rücken.

Mir ist es wichtig, dass meine Pferde nur durch meine Körpersprache oder auf mein Stimmkommando hin rückwärtsgehen. Zusätzlich gebe ich auch wie auf dem Foto noch ein Handzeichen. Mein Kommando für das Rückwärtsrichten ist »Schschscht«.

## Rückwärtsrichten neben dem Pferd

Ich stehe seitlich neben dem Pferd in der sogenannten Komfortzone. Dabei befindet sich mein Körper zwischen Ohr und Schulter des Pferdes. Das Pferd soll gemeinsam mit mir rückwärtsgehen. Als Hilfsmittel verwende ich hier eine Gerte. Zunächst ist wieder ein klares Bild im Kopf wichtig: Ich denke ans Rückwärtsgehen, verlagere mein Körpergewicht nach hinten und zeige dabei eine klare Präsenz. Dann sage ich mein Stimmkommando und gebe Impulse mit der Gerte nach oben in die Luft oder tippe sie auf den Boden. Nur wenn das Pferd nicht reagiert, gebe ich Impulse am Seil und berühre das Pferd mit der Gerte vorne an der Brust. Sobald das Pferd den ersten Schritt rückwärtsgeht, wird es sofort belohnt und bekommt eine kurze Pause. Ich steigere die Trittzahl langsam. Das Pferd sollte ruhig rückwärtsgehen, dabei nicht hektisch werden, sondern den Rücken aufwölben, seinen Kopf etwas senken und im Körper gerade bleiben. Die einzelnen Tritte sollten von den diagonalen Beinpaaren fließend ausgeführt werden. Zu Beginn ist es einfacher, die Übung an der Bande zu machen. Sie dient als seitliche Begrenzung und erleichtert es dem Pferd, gerade rückwärtszugehen. Ich frage das Rückwärtsrichten von beiden Seiten ab.

*Beim Rückwärtsrichten frontal vor dem Pferd kannst du anfangs die Gerte als Unterstützung nutzen.*

## Rückwärts frontal vor dem Pferd

Auch das Rückwärtsrichten aus der Position vor dem Pferd ist mir extrem wichtig. Dazu nutze ich manchmal zwei Gerten, damit ich das Pferd gut einrahmen kann. Ich stelle mich zunächst vor mein Pferd, gehe dann darauf zu und gebe Impulse mit der Gerte Richtung Pferdebrust. Reagiert es nicht, steigere ich meine Energie, mache mich groß und gebe leichte Impulse, indem ich sanft am Seil schüttle und das Pferd an der Brust antippe. Der Druck wird langsam erhöht, und sobald das Pferd reagiert, belohne ich es durch eine Pause. Nach und nach fordere ich mehrere Schritte rückwärts. Ziel ist es, dass das Pferd ohne Hilfe meiner Gerte oder Seil rückwärtsgeht.

*Tipp:*

Wird das Pferd schief? Meistens liegt es daran, dass es den Kopf und Hals wegdreht. Damit es wieder gerade tritt, kannst du am Seil die Nase ins Gerade korrigieren.

## Hinterhand bewegen mit Körpersprache

Auf S. 97 haben wir die Hinterhand durch Berühren verschoben. Jetzt möchten wir sie allein mit Körpersprache verschieben. Dazu schickst du

*Um die Hinterhand zu bewegen, läufst du auf die Hinterbeine zu.*

*Gainesville kreuzt deutlich mit den Hinterbeinen. Weicht das Pferd nicht genug, kannst du es sanft mit der Gerte touchieren.*

mit deinem Körper Energie Richtung Hinterhand, machst in der ersten Phase einen Schritt im Halbkreis auf die Hinterhand zu. Weicht das Pferd nicht, kannst du die Gerte als Verstärker in der Luft bewegen. Reagiert das Pferd immer noch nicht, tippst du es an der Hinterhand mit der Gerte an. Falls es nach vorne wegläuft, kannst du den Pferdekopf am Strick sanft zur Seite wenden, so unterbrichst du das Vorwärts. Verlange anfangs einen flüssigen Schritt, dann zwei, später eine ganze Drehung. Zum Beenden atmest du aus und entspannst dich, bis dein Pferd wieder steht. In der Pause verarbeitet dein Pferd das Gelernte.

## Vorhand bewegen mit Körpersprache

Auf S. 98 haben wir die Vorhand auf Berührung weggeschickt. Jetzt möchten wir sie auf kurze Distanz über unsere Körpersprache bewegen. Dazu stehst du zwischen Schulter und Kopf deines Pferdes und baust langsam in drei Stufen Druck auf den Bereich vor der Schulter auf. In der ersten Stufe lehnst du deinen Oberkörper Richtung Pferd und schickst Energie. Bewegt es sich nicht, hebst du die Gerte und schwingst sie Richtung Schulter und Hals. Wenn es immer noch steht, tippst du es an der Schulter an, bis es sich in Bewegung setzt. Bewegt sich das Pferd, gehst du in einem Halbkreis in Richtung seines Kopfes, damit es die Vorderbeine bewegt. Die Hinterbeine bewegen sich auch, sie laufen

*Gainesville weicht mit der Vorhand und kreuzt dabei mit den Vorderbeinen.*

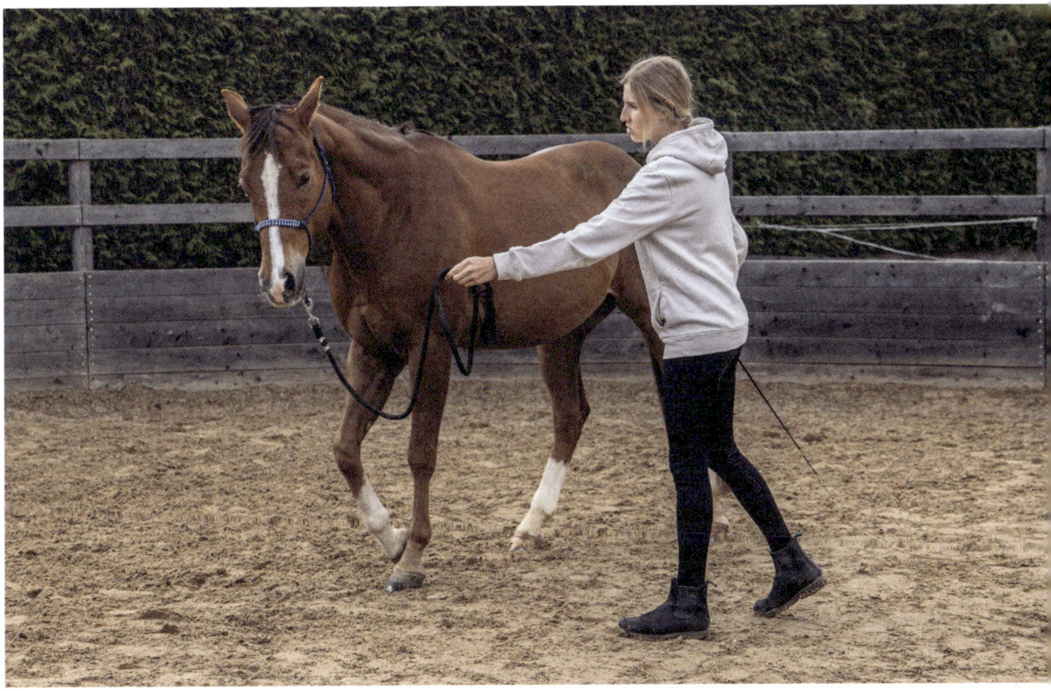

*Zum Losschicken zeigt die Seilhand in die Richtung, in die das Pferd gehen soll.*

einen kleineren Kreis als die Vorderbeine. Wie bei der Hinterhandverschiebung verlangst du anfangs nur einen Schritt, später zwei, schließlich kannst du eine ganze Drehung verlangen. Zum Beenden atmest du aus, schickst keine Energie mehr und entspannst dich, bis das Pferd wieder steht. In einer kurzen Pause lässt du das Pferd wieder das Gelernte verarbeiten.

## Auf einen Kreis schicken

Um später aus größerer Distanz zu kommunizieren, möchte ich meine Pferde auch von mir wegschicken können. Dazu nehme ich das Seil in

*Gainesville hat sich flüssig auf einen Kreis schicken lassen.*

die äußere Hand und die Gerte in die innere Hand, wie beim Longieren. Dann öffne ich meine Seilhand und zeige mit ihr in die Richtung, in die das Pferd gehen soll. Geht das Pferd nicht los, treibe ich es leicht mit der Gerte, bis es in einem Kreis um mich herumgeht. Wichtig ist, dass du dabei selbst nicht rückwärtsgehst, sondern stehen bleibst und das Pferd losschickst. Gehst du rückwärts, hat das eine einladende Wirkung auf dein Pferd. Fällt dein Pferd nach innen, kannst du es mit der Gerte in den Bereich zwischen Ganasche und Schulter nach außen schicken. Oft fragen die Pferde, ob sie wieder hereinkommen dürfen, indem sie in die Mitte schauen.

*Tipp:*

Erlaube ihm nur hereinzukommen, wenn du das möchtest, lass das nicht dein Pferd entscheiden.

## Flüssiger Handwechsel im Kreis

Um von der einen auf die andere Hand zu wechseln, holst du das Pferd herein, indem du einen Schritt zurück machst. Jetzt kommt das Pferd frontal auf dich zu, und du musst nun geschickt Seil und Gerte tauschen und mit der neuen Seilhand die Richtung weisen. Schlägt das Pferd wie gewünscht die neue Richtung ein, ist das super, wenn nicht, unterstützt

1

Um die Hand zu wechseln, holst du das Pferd zu dir.

2

*Dann wechselst du Gerte und Seil.*

3

*Die Gerte treibt die neue innere Schulter raus.*

*Die Seilhand zeigt die neue Richtung an.*

*Gainesville ist auf der neuen Hand angekommen.*

du es, indem du die neue innere Schulter mit kreisenden Bewegungen deiner Gerte wegschickst.

## Seitwärts weichen

Die komplette Seitwärtsbewegung ist letztlich eine Zusammensetzung von Vor- und Hinterhandweichen. Diese beiden Übungen sollte das Pferd deshalb sicher beherrschen. Um dein Pferd seitwärts weichen zu lassen, beginnst du am besten an der Bande. Du stellst dein Pferd mit etwa 30 Grad Abstellung zur Bande auf, also in einem eher spitzen Winkel. Dann beginnst du mit einer Vorwärts-Seitwärts-Bewegung an

*Gainesville ist beim Seitwärts leicht nach innen gestellt und kreuzt deutlich die Beine.*

der Bande entlang, der Kopf des Pferdes ist leicht zu dir gestellt, deine Gerte kannst du Richtung Bauch bewegen. Reagiert dein Pferd nicht, kannst du es mit der Gerte antippen. Denk daran – es ist eine Vorwärts-Seitwärts-Bewegung, keine Rückwärtsbewegung, ziehe deshalb nicht am Strick nach hinten, sondern lass die Hand vorn.

Je besser dein Pferd das Seitwärts beherrscht, desto deutlicher kannst du es dabei übertreten lassen. Gelingt es an der Bande schon recht flüssig, kannst du es auf einer großen Volte oder einem Zirkel übertreten lassen, später auch auf einer geraden Linie ohne Bande. Übe unbedingt von beiden Seiten.

### Seitwärts für Körper und Geist

Ich liebe das Seitwärts! Es gibt keine andere Übung, die dein Pferd geistig und körperlich so fordert und fördert. Da dein Pferd beim Kreuzen seine Beine sortiert, muss es dazu den Kopf einschalten. Daher ist diese Übung auch so gut geeignet, um aufgeregte Pferde zu beruhigen.

Ebenfalls sehr groß ist der körperliche Effekt, denn Seitwärts ist fast ein Allround-Bodybuilding, weil sich dazu viele Muskeln bewegen müssen. Konkret werden an der Vorhand deines Pferdes im Bereich von Ellbogen und Buggelenk alle streckenden und beugenden Muskeln bewegt – das fördert eine gute Schulterfreiheit. Im mittleren Bereich deines Pferdes werden die Bauchmuskeln aktiviert, die sind später wichtig, um den Reiter verschleißfrei zu tragen. Der Rücken deines Pferdes spannt sich beim Seitwärts an und ab, weil sich das Becken beim Übertreten bewegt, wenn das innere Hinterbein kreuzt. Das Kreuzen der Hinterbeine stärkt außerdem die gesamte Hinterhand und verbessert die Balance deines Pferdes. Kein Wunder also, dass das Seitwärts als Gymnastik so beliebt ist!

*Tipp:*

Achte beim Seitwärts unbedingt auf langsame, weiche und kontrollierte Bewegungen, damit dein Pferd nicht verschleißt. Überfordere dein Pferd nicht und belohne kleine Schritte. Fußt dein Pferd hart auf, kommt beim Seitwärts viel Last auf die Gelenke und Sehnen. Wiederhole die Seitwärts-Übungen nicht häufiger als drei Mal.

## Folgen und Abrufen

Ein weiteres wichtiges Basic für mich ist das Abrufen. Ich möchte, dass meine Pferde in jeder Situation abrufbar sind. Auch wenn der Druck mal höher ist, sollen meine Pferde immer gerne zu mir kommen. Dadurch kann ich sie auch in Gefahrensituationen schnell zu mir holen. Meine Position ist hier nicht neben dem Pferd, sondern frontal vor dem Pferd. Wichtig ist es, seinen eigenen Bereich zu wahren: Bei dominanten Pferden sollte dieser etwas größer sein, bei sensiblen Pferden verringere ich ihn etwas. Als Richtwert gilt ungefähr eine halbe Armlänge Abstand zur Pferdenase. Man sollte sich wohlfühlen und diesen Korridor immer gleich groß halten, damit es für das Pferd klar ist. Mein Stimmkommando zum Abrufen ist »Komm«. Ich spreche die Pferde immer mit ihrem Namen an, damit später bei der Freiarbeit mit mehreren Pferden klar ist, welches Pferd zu mir kommen soll. Gainesville rufe ich also: »Komm, Gainesville.«

Anfangs ist es einfacher, an der Bande zu beginnen. Dadurch haben die Pferde eine Begrenzung, und es fällt ihnen leichter, im Körper gerade zu bleiben. Zunächst lade ich das Pferd mit meiner Körpersprache ein. Dazu verlagere ich mein Gewicht nach hinten, gebe das Stimmkommando und öffne meine Gerte zur Seite. Kommt das Pferd nicht, tippe ich es mit der Gerte an der Schulter an. Sobald das Pferd eine Vorwärtstendenz zeigt, wird es belohnt mit Streicheln, meinem Lobwort oder einer Pause. Sobald das Pferd auf mich zukommt, gehe ich weiter rückwärts und nehme das Pferd mit. Später kann man variieren und Geraden oder Kurven laufen. Wähle zu Beginn ein ruhiges Schritttempo. Ist dein Pferd eher extrovertiert und distanzlos, lege großen Wert darauf, dass es deinen Bereich respektiert und nicht anfängt, dich zu treiben. Natürlich wird am Anfang nicht alles perfekt klappen, und du wirst dein Pferd häufiger korrigieren und übers Rückwärts wieder auf Distanz schicken müssen.

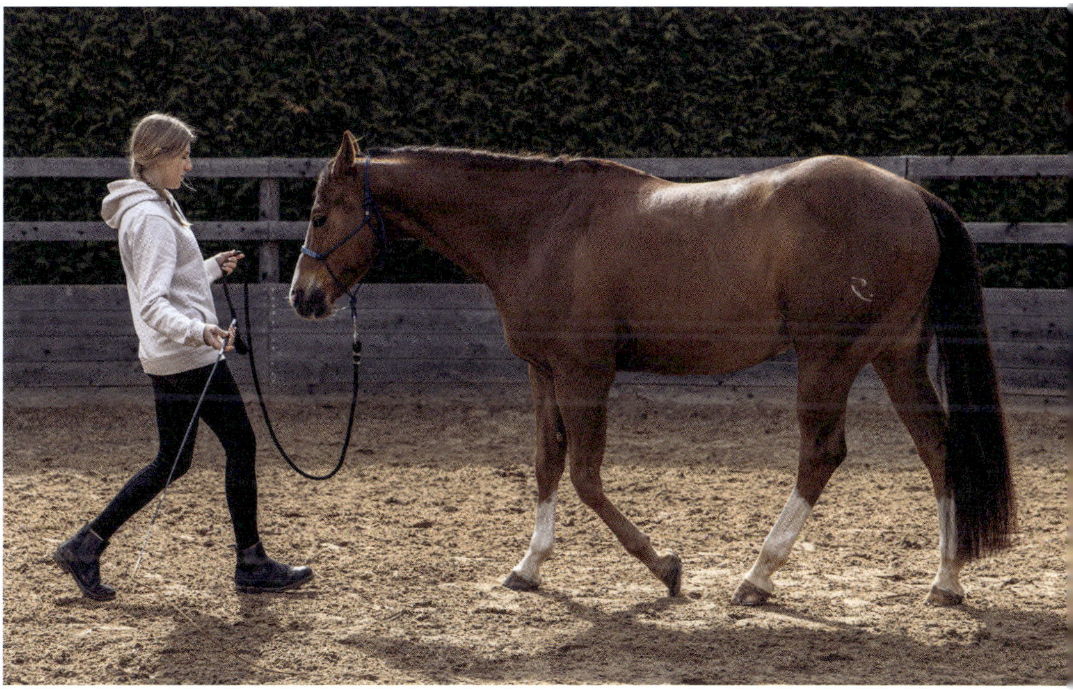

*Zum Abrufen verlagerst du dein Gewicht nach hinten und holst dein Pferd frontal zu dir.*

Die ersten Einheiten sollten wie gesagt im Schritt stattfinden. Ist dein Pferd ein Blitzmerker und versteht die Übung schnell, kannst du die Geschwindigkeit bis zum Trab steigern. Wenn das Pferd verstanden hat, dass es auf Zuruf zu dir kommen soll, kannst du die Distanz zwischen dir und deinem Pferd langsam vergrößern.

*Vorsicht:*

Viele Pferde zeigen beim Abrufen viel Energie und machen einen Sprung nach vorne. Hier immer gut aufpassen und großen Wert auf den eigenen Bereich legen. Kommt das Pferd zu nah, schick es wieder rückwärts, bis die Distanz groß genug ist.

## Einparken neben dem Menschen

Das Einparken ist für mich eine tolle Möglichkeit, den Pferdekörper zu mir zu bewegen. Das Pferd soll dabei durch Anheben meines Armes einen Schritt seitlich auf mich zukommen. Diese Übung ist auch zum Aufsteigen extrem praktisch, weil die Pferde an der Aufstiegshilfe einparken können. Ich beginne das Einparken immer an der Bande. Dadurch haben die Pferde eine visuelle Begrenzung nach vorne. Für die Übung verwende ich eine Gerte mit Schlag. Ich stelle das Pferd frontal zur Bande und achte darauf, dass Kopf und Schulter bereits etwas nach außen, also von mir weg, gestellt sind. So fällt es dem Pferd leichter, nach innen auf mich zuzukommen.

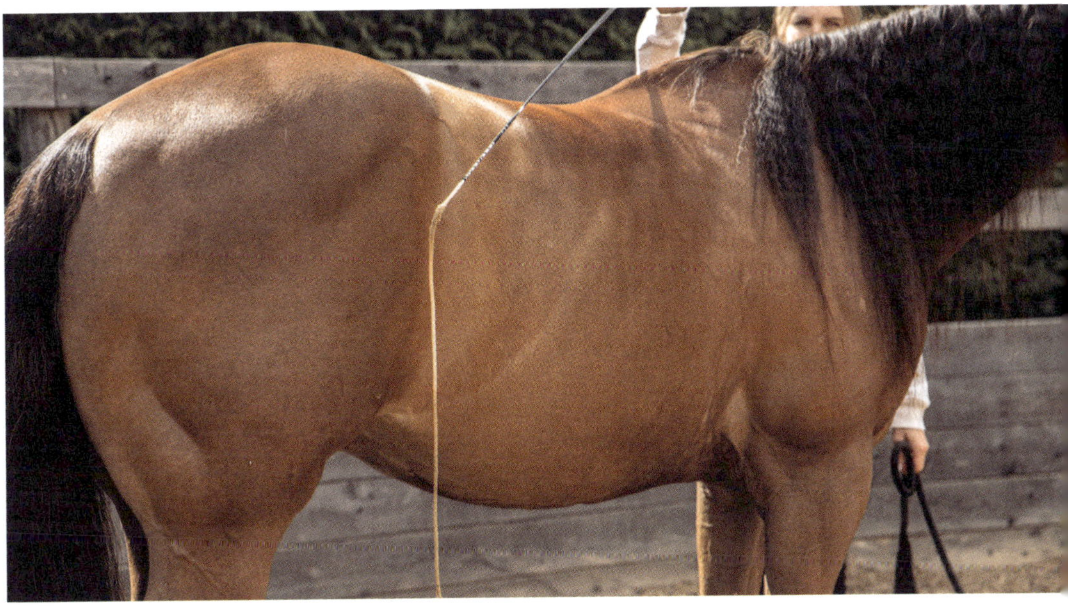

*Um dem Pferd das Einparken zu erklären, tippe ich es über den Rücken auf der anderen Seite an, damit es die Hinterhand zu mir bewegt.*

Für das Einparken verwende ich kein Stimmkommando, die Pferde sollen später allein auf das Heben meiner Hand seitlich einparken. Zunächst halte ich die Gerte über den Rücken und tippe das Pferd leicht an der äußeren Hinterhand auf Höhe des Hüfthöckers an, um die Hinterhand zu mir zu bewegen. Ich tippe so lange, bis das Pferd einen Schritt in meine Richtung macht. Die meisten Pferde gehen auf den Gertendruck erst mal nach außen dagegen, weil sie gewohnt sind, dem Menschen zu weichen. Manchmal hilft es, den Kopf deutlicher nach außen zu stellen, weil dann die Hinterhand automatisch nach innen folgt. Es ist wichtig dranzubleiben, bis das Pferd in meine Richtung kommt. Sonst würde man die falsche Reaktion belohnen. Sobald das Pferd einen Schritt seitlich auf mich zu macht, wird es mit der Stimme, Streicheln oder einer Pause belohnt.

*Gainesville hat verstanden, dass er aufs Heben der Gerte zu mir kommen darf.*

## Seitwärts holen

Aus dem Einparken kannst du ein »Seitwärts auf dich zu« entwickeln. Dabei bewegt sich der ganze Pferdekörper seitwärts auf dich zu. Dazu »saugst« du dein Pferd zu dir an wie beim Einparken, lehnst deinen Oberkörper leicht nach hinten und bewegst dich selbst rückwärts. Bei dieser Übung ist es wie bei allen Übungen, bei denen das Pferd sich auf dich zubewegt, sehr wichtig, dass du das Pferd jederzeit stoppen kannst und es nicht zu nah kommt oder dich sogar bedrängt.

### Warum gymnastizierende Arbeit so wichtig ist

Mir ist es sehr wichtig, dass sich meine Pferde in einer gesunden Haltung bewegen. Gerade beim freien Reiten ohne Sattel braucht das Pferd einen starken Rücken, um uns tragen zu können. Deswegen gymnastiziere ich meine Pferde vom Boden und im Sattel regelmäßig. Grob zusammengefasst erkennst du eine gesunde Körperhaltung deines Pferdes an einem entspannten Unterhals, einem schwingenden Rücken, ruhigen Schweif und einem entspannten Gesichtsausdruck. Der Hals sollte nicht zu tief getragen werden (Maulspalte auf Höhe des Buggelenks), da sonst in höheren Gangarten zu viel Gewicht auf der Vorhand lastet. Umgekehrt sollte dein Pferd nicht wie eine Hängebrücke mit hochgerecktem, angespanntem Unterhals laufen. Die Nasenlinie deines Pferdes sollte immer vor einer senkrechten Linie bleiben. Um dich tragen zu können, braucht dein Pferd eine gute Bauch- und Rumpfmuskulatur. Da dein Pferd kein Schlüsselbein hat und sein Rumpf durch Muskeln aufgehängt ist, solltest du dein Pferd in diesem Bereich stärken. Das gelingt durch gymnastizierende Arbeit am Boden (zum Beispiel durch klassische Handarbeit) und gymnastizierendes Reiten (Dressur). In der Biegung, bei der das Pferd wie eine Banane von Genick bis Schweifansatz gebogen ist, dehnt dein Pferd die äußere Körperseite und verkürzt die innere. Das hilft ihm beim Aufbau der korrekten Reitpferdemuskulatur.

## Longieren am Kappzaum

Ich longiere meine Pferde zum Gymnastizieren gerne am Kappzaum, dabei kann ich sie über die Nase im Genick stellen und später im ganzen Körper biegen. In der Biegung spannen sie ihre Tragemuskeln an, die sie brauchen, um Reitergewicht auf dem Rücken tragen zu können. Arbeitet man korrekt am Kappzaum in Stellung und Biegung, bildet sich ein positiver Spannungsbogen vom Genick bis zum Schweif. Longieren am Kappzaum ist also wie Turnen fürs Pferd. Da es den Rahmen dieses Buches sprengen würde und es bereits viele gute Bücher zur gymnastizierenden Arbeit mit all ihren kleinen Schritten gibt, werde ich das Thema hier nur kurz anschneiden und euch ein paar Tipps

*Gainesville trägt einen gut sitzenden Kappzaum aus Biothane ohne Naseneisen.*

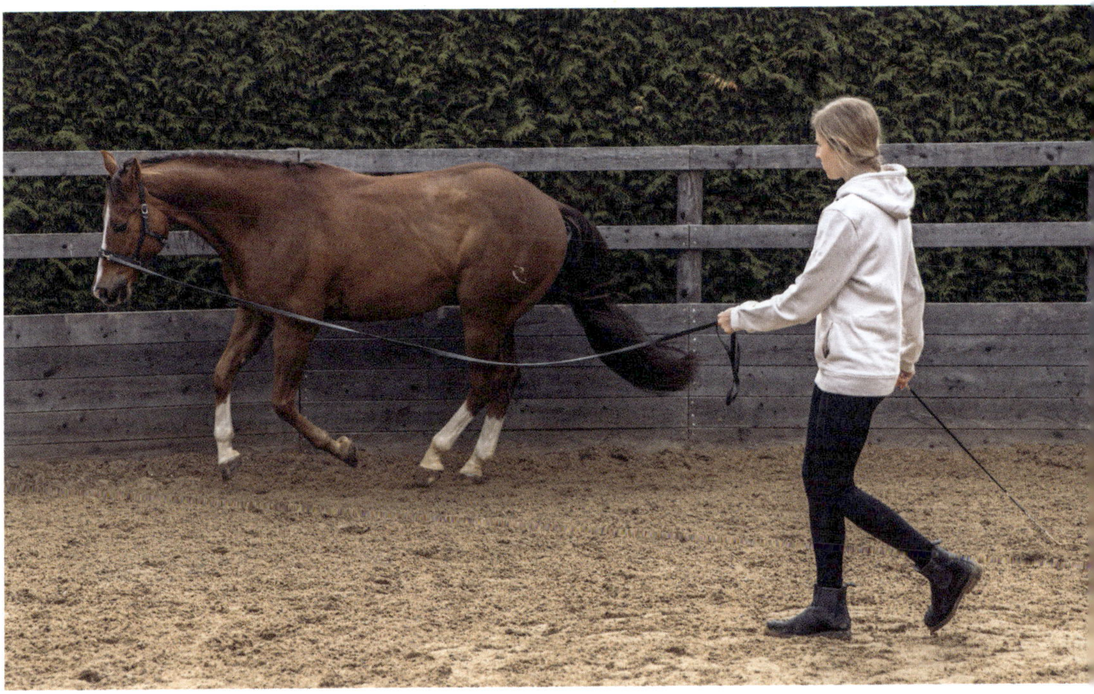

*Gainesville galoppiert in einer entspannten Kopf-Hals-Position.*

geben und Übungen zeigen, die ich in meinem Alltag umsetze. Ihr dürft dabei aber gerne selbst kreativ werden!

Beim Longieren am Kappzaum achte ich auf eine feine Verbindung an der Longe, die leichter und dünner ist als ein Bodenarbeitsseil. Außerdem nutze ich einen kleinen Karabiner an der Nase, der ebenfalls leicht ist. Beim Longieren versuche ich, eine konstante Verbindung an der Longe aufzubauen, sie soll weder durchhängen, noch sollte Zug darauf sein. An der Longe soll es sich genauso anfühlen, wie wenn dein Pferd beim Reiten am Zügel geht und die Zügel wie feine Gummibänder in der Hand liegen.

*Indem du Übergänge mit deinem Pferd übst, kannst du eure Kommunikation verfeinern.*

## Verantwortung abgeben

Versuche beim Longieren immer wieder, die Verantwortung fürs Tempo an dein Pferd abzugeben, und achte darauf, nicht dauernd zu treiben. Schicke dein Pferd vorwärts, fordere dabei eine Reaktion und werde fein, sobald dein Pferd reagiert hat. Auch hier ist der Drucknachlass die Bestätigung. Durch dauerndes Treiben mit der Gerte kann dein Pferd schnell abstumpfen und frustriert werden. An der Longe kannst du dein Pferd auch im Trab und Galopp arbeiten. Achte auch hier darauf, dass es die Gangart selbstständig hält und du nicht jeden Trabtritt oder Galoppsprung heraustreiben musst. Es gibt viele Pferderassen, denen ein Galopp an der Longe anfangs recht schwerfällt, da es eng um die Kurve geht und die Tragemuskeln stark arbeiten müssen. Das gilt für viele Robustrassen oder auch Kaltblüter. Bei trägeren Pferdetypen solltest du kurze, knackige Reprisen im Galopp verlangen. Belohne dein Pferd für ein, zwei motivierte Sprünge, damit es das Gefühl hat, dass es schaffen kann, was du von ihm verlangst.

## Übergänge für eine feine Kommunikation

An der Longe kannst du an deiner feinen Kommunikation aus der Entfernung arbeiten. Wie viel Energie brauchst du, um das Pferd in den Trab oder Galopp zu schicken, und wie gut gelingt dir das Durchparieren? Zum Durchparieren nimmst du deinen Oberkörper leicht zurück, atmest aus und fährst so die Energie runter. Möchtest du dein Pferd vorwärts schicken, schau ihm in die Augen, atme ein und schicke Energie mit deinem Oberkörper Richtung Pferd. Wiederhole Übergänge, bis du das Gefühl hast, dass du ganz fein kommunizieren kannst und kaum die Peitsche oder die Longe brauchst.

Werde kreativ! Longieren muss nicht langweilig sein. Du kannst deine Kreise über den ganzen Reitplatz hinweg verschieben, sie größer oder kleiner machen, dein Pferd mal geradeaus an der Bande entlanglongieren oder die Ecken für die Biegung nutzen.

### Ideen für Übungen

Ecken longieren: Um das Longieren noch spannender zu machen, nutze ich auch Gassen oder Stangen. Bei der Eckenübung lege ich jeweils zwei Gassen über Eck. Dadurch erleichtere ich es meinem Pferd, den korrekten Weg zu finden. Gleichzeitig kann ich meinem Pferd auch die Innenstellung erklären, die sehr wichtig für eine korrekte Körperhaltung beim Longieren ist. Longiere dein Pferd auf beiden Händen im Schritt durch die Ecken und achte darauf, dass du auch in der Kurve eine feine Verbindung zu seiner Nase hältst.

Geraden longieren: Beim Longieren musst du das Pferd nicht nur im Kreis laufen lassen, sondern kannst es auch mal die lange Seite entlangschicken und dabei etwa auf Schulterhöhe mitgehen. Du kannst dir auch zwei Gassen hintereinander als lange Gerade legen und dein Pferd hindurchlongieren.

## Bodenarbeit ist Kommunikation, aber auch Gymnastik

Am Anfang der Bodenarbeit geht es vor allem um die Kommunikation und die Beziehung zu deinem Pferd. Dazu hast du jetzt hier in Kapitel 3 den Grundstein gelegt. Mindestens genauso wichtig sind für mich aber auch die körperlichen Aspekte, also dass meine Pferde dabei gut gymnastiziert sind und die Muskeln aufbauen, die ihnen beim Tragen helfen. Das ist besonders wichtig für dich, wenn du später vielleicht auch am Halsring und ganz ohne Sattel reiten möchtest. Dann muss dein Pferd eine gute Tragemuskulatur haben und sich auch ganz frei unterm Reiter so bewegen, dass es keinen Schaden nimmt oder sich verspannt.

*In diesem Kapitel hast du den Grundstein für eine gute Beziehung zu deinem Pferd gelegt.*

*Kapitel 4*

# FREI SEIN UND SPASS HABEN

# DER NÄCHSTE SCHRITT

In Kapitel 3 haben wir mit Halfter und Seil die Grundlagen dafür geschaffen, jetzt endlich frei zu arbeiten! Das heißt nicht, dass du ab jetzt nie wieder ein Seil brauchst. Wenn etwas noch nicht frei gelingt, ist das überhaupt kein Beinbruch. Gehe einen Schritt zurück und wiederhole die Übung am Seil.

Außerdem zeige ich dir in diesem Kapitel, wie ich mit meinen Pferden einfache Tricks wie das Lachen, Jasagen, Apportieren und das Podest erarbeite.

## Safety first

Wenn du mit der Freiarbeit beginnst, brauchst du einen nicht zu großen, sicher eingezäunten Bereich. Das hilft dir, falls dein Pferd mal vom Fokus her »verloren geht«. Der Zaun sollte mindestens so hoch wie ein Weidezaun sein. Eine runde Longierhalle oder ein Roundpen mit einem Durchmesser von 15 bis 20 Metern sind ideal. Die runde Form verhindert, dass das Pferd in die Ecke läuft, und erleichtert es ihm zu zirkeln. Du kannst aber genauso gut auf einem eckigen Platz arbeiten. Denn wenn sich dein Pferd auf dich konzentriert, läuft es auch hier rund durch die Ecken. Achte unbedingt auf einen guten, rutschfesten Boden. In höheren Gangarten kann ein übermütiges Pferd auch mal schnell beschleunigen oder abrupt stoppen und darf dabei nicht wegrutschen. Klappt es auf einem kleineren Platz, kannst du auch auf einem größeren Platz Freiarbeit machen und überprüfen, ob ihr auch schon über weite Distanzen ohne Seil kommunizieren könnt.

*Vanilla bei der Freiarbeit*

## Warum eigentlich Freiarbeit?

Die spielerische Beschäftigung mit deinem Pferd fördert eure Kommunikation und stärkt eure Beziehung. Freiarbeit nutzt dir auch beim Reiten. Dein Pferd lernt, auf deine Stimme und deinen Körper zu achten und sich auf kleinen Zirkeln auszubalancieren, und du lernst, mit wirklich feinen Signalen zu kommunizieren. Außerdem fehlen Störfaktoren wie eine Longe, die Zügel, das Reitergewicht oder die Schenkel. In der Freiarbeit könnt ihr überprüfen, ob euer Pferd wirklich motiviert ist, mit euch zusammenzuarbeiten. Ein frei laufendes Pferd kann sich nämlich viel schneller entziehen. Deswegen seid ihr bei der Freiarbeit darauf angewiesen, dass euer Pferd freiwillig mitarbeitet, und müsst es davon überzeugen, dass die Arbeit Spaß macht und ihm guttut.

Bei der Freiarbeit könnt ihr auch herausfinden, wie gut eure Einwirkung auf das Pferd funktioniert, ob ihr eure Hilfen richtig timen und dosieren könnt und euer Lob ankommt. Wenn dein Pferd frei läuft, kannst du auch viel besser beobachten, welche Bewegungen ihm leichtfallen und welche schwerer. Durch den Wechsel des Blickwinkels ergeben sich manchmal ganz neue Sichtweisen und Lösungen für Probleme. Wenn sich Pferde bei der Freiarbeit sehr auf ihre Menschen fokussieren, sind sie weniger schreckhaft, weil sie sich nicht mehr so mit Außenreizen beschäftigen müssen. Sie spüren, dass sie bei ihrem Menschen sicher sind, und müssen nicht mehr ständig aufpassen.

## Was nutzt die Freiarbeit dem Menschen?

Bei der Freiarbeit ist volle Konzentration gefragt. Nebenher Nachrichten auf dem Handy tippen, telefonieren oder sich unterhalten? Keine Chance, die Pferde wenden sich schnell ab, wenn man selbst nicht mehr bei der Sache ist. Das merke ich immer wieder, wenn ich auf Messen bin oder Demos mache und dabei kommentiere. Erkläre ich meinem Publikum nebenher, was ich tue, ist es viel schwieriger, die Verbindung zum Pferd zu halten. Auch wenn man zum Beispiel Fotos produziert, merken Pferde, wenn der Fokus des Menschen Richtung Kamera abschweift. Freiarbeit erzieht uns Menschen also zu mehr Achtsamkeit. Wir müssen im Hier und Jetzt sein, nicht über gestern nachdenken oder überlegen, was morgen alles noch zu tun ist. Ich lege beim Training mein Handy bewusst beiseite und konzentriere mich nur auf das Pferd und mich!

Du kannst bei der Freiarbeit auch viel über dich selbst erfahren – zum Beispiel wie geduldig du bist oder wie gut du deine eigene Energie kontrollieren kannst. Mal musst du sie schnell hochfahren, mal direkt wieder runterfahren und ganz ruhig werden.

Ebenso hält dich die Freiarbeit selbst fit, weil du viel mehr in Bewegung bist als im Sattel. In der Schule, im Studium und in vielen Jobs sitzen wir alle ja sehr viel oder machen einseitige Bewegungen. Freiarbeit bringt dich in Schwung, macht dich fitter und sportlicher im Alltag!

## Frei neben dem Pferd laufen

Du gehst neben deinem Pferd, so wie du es aus den Führübungen von S. 100 kennst. Bleibe mit deiner Schulter zwischen Ganasche und Schulter deines Pferdes. In dieser Position kannst du sowohl treibend als auch bremsend einwirken. Auf der linken Hand hältst du die Gerte in deiner linken Hand. Sie dient dir als verlängerter Arm, wenn du dein Pferd flotter machen möchtest (hinten) und als Bremse (vorne), wenn es zu eilig wird. Anfangs hilft es, wenn du auf dem Hufschlag gehst und den Zaun als Begrenzung nach außen nutzt.

*Beim Führen ohne Seil hilft anfangs die Bande als Begrenzung.*

Verlange schon kurz nach dem Losgehen einen flüssigen Schritt mit einer aktiven Hinterhand und versuche, einen Gleichschritt mit deinem Pferd zu finden. Pferde synchronisieren sich mit der Zeit mit unseren Bewegungen. Mir ist es wichtig, dass sich Pferde auch bei der Freiarbeit gesund und gymnastizierend bewegen.

Durch Übergänge vom Schritt zum Halten kannst du jetzt überprüfen, wie gut sich dein Pferd mit dir synchronisiert. Achte selbst auf fließende, nicht zu abrupte Stopps und gib deinem Pferd Zeit zu reagieren. Nimm deinen Oberkörper anfangs gerne übertrieben zurück. Ebenso beim Losgehen: Achte selbst auf eine fließende Bewegung, nimm deinen Oberkörper deutlich nach vorne.

*Tipp:*

Lege deinen Fokus auf deinen Weg und schau dein Pferd so wenig wie möglich an. Es wirkt bremsend aufs Pferd, wenn du es beim Führen »anstarrst«. Versuche zu fühlen und aus dem Augenwinkel zu spüren, ob dein Pferd mitkommt, zu schnell oder zu langsam ist.

## Halten-Rückwärts

Klappt Schritt-Halten gut, kannst du dich im Rückwärts versuchen. Dazu nimmst du aus dem Halten heraus deinen Oberkörper deutlich zurück und gehst langsam zurück. Kommt dein Pferd nicht mit, kannst du die Gerte parallel zum Pferd in Höhe des Halses hoch und

*Bei einem ganz kleinen Pferd kann der Mensch beim Rückwärts auch weiter hinten bleiben und das Pferd trotzdem noch vorne mit der Gerte einrahmen, wenn nötig.*

runter bewegen. Reagiert es auch darauf nicht, kannst du es an der Brust antippen. Sobald es das Gewicht nach hinten verlagert und sich rückwärts in Bewegung setzt, belohnst du es durch das Weglassen der Gerte.

Klappen Schritt-Halten-Schritt-Übergänge gut und bist du körperlich fit, kannst du dich auch an Schritt-Trab-Übergänge wagen. Auch hier gilt: Achte selbst auf fließende, deutliche Bewegungen deines Oberkörpers. Falls du ein Stimmkommando nutzt, geh bitte unbedingt sparsam damit um und gib die Verantwortung fürs Tempohalten immer wieder an dein Pferd ab.

Generell kannst du diese Übung natürlich auch im Galopp machen, wenn du fit genug bist. Dazu ist es sinnvoll, selbst im Hopserlauf anzugaloppieren. Grundsätzlich gilt: Je höher die Gangart, desto höher der Schwierigkeitsgrad.

### Das Problem mit dem Dauerschnalzen

Viele von euch kennen es: Dauerndes Schnalzen stumpft ab, das ist genauso wie dauerndes Treiben mit dem Schenkel. Warum? Weil man das Pferd daran gewöhnt, es verliert an Bedeutung – vor allem, wenn eine Nichtreaktion keine Konsequenzen hat. Also achtet darauf: Wenn geschnalzt wird, muss auch eine Reaktion erfolgen. Falls nicht, folgt die nächsthöhere Druckstufe, ein Antippen mit der Gerte. Verlange also unbedingt eine Vorwärts-Reaktion von deinem Pferd, falls du schnalzt.

## Freie Volten laufen

Wenn sich dein Pferd gut mit dir synchronisiert hat und du das Gefühl hast, dass es neben dir »klebt«, kannst du auch mal auf eine Volte abwenden und überprüfen, ob das Pferd auch ohne Zaun bei dir bleibt. Vertrau ihm, dass es mitkommt, manchmal wird der seitliche Abstand dabei etwas größer. Dreh selbst deinen Oberkörper deutlich in die Wendung und zeige mit deiner Hand in die Richtung. Handzeichen helfen vielen Pferden und können deine Körpersprache verstärken. Da du in einer Volte einen kürzeren Weg hast als dein Pferd, kannst du es

*Freies Zirkeln ohne Seil: Um zu überprüfen, ob dein Pferd bei dir bleibt, kannst du Volten laufen.*

*Duke bleibt auch im Galopp bei seinem Menschen.*

mit deiner Stimme auffordern, zügiger zu gehen. Reagiert es nicht, kannst du es mit deiner Gerte nach vorne treiben.

## Kombination aus Führen und Abrufen

Aus der Führposition neben dem Pferd kannst du das Pferd auch immer wieder fließend abrufen und frontal vor dir eine Pause machen lassen. Dazu drehst du dich so vors Pferd, dass du frontal vor ihm rückwärtsgehst und es zu dir ansaugst. Sobald es in einem Abstand von etwa einer Armlänge vor dich kommt, hältst du an und gönnst dem Pferd eine Pause. Achte beim Anhalten darauf, dass dein Pferd nicht in deinen persönlichen Bereich kommt. Mach dich zum Anhalten groß und schicke mit deinem Oberkörper Energie Richtung Pferd. Wenn es nicht

*Dein Pferd sollte sich gut von dir rückwärts schicken lassen und nicht in deinen Bereich eindringen.*

reagiert, kannst du deine Gerte vor dir senkrecht zum Boden anheben. Ist das Pferd zu nah, lass es wieder einen Schritt rückwärts treten.

## Freies Abrufen und Folgen

Deine Position beim Abrufen ist wie oben schon gesagt frontal vor dem Pferd. Aus dieser Position gehst du rückwärts, nimmst deinen Oberkörper nach hinten und signalisierst deinem Pferd so, dass es auf dich zukommen soll, und gibst das Stimmkommando, das du vorher schon erarbeitet hast. Nutze beim freien Abrufen gerne den ersten Hufschlag, dann kannst du dein Pferd bei Bedarf mit der Gerte zu dir

*Beim Abrufen nimmst du den Oberkörper deutlich zurück und saugst das Pferd zu dir an.*

*Wally lässt sich auch in höheren Gangarten abrufen.*

treiben, und es ist durch den Zaun eingerahmt. Beginne anfangs mit einer kurzen Distanz zwischen dir und deinem Pferd. Sobald es verstanden hat, was du von ihm möchtest, kannst du die Distanz vergrößern und die Gangart erhöhen. Anfangs hilft es, das Pferd viele Pausen bei dir machen zu lassen, damit es gerne zu dir kommt. Achte darauf, dass es früh genug anhält und nicht in deinen Bereich tritt. Falls es dir zu nah kommt, schick es wieder ein, zwei Tritte zurück.

## Freies Longieren

Beim freien Longieren kannst du überprüfen, ob dein Pferd auch auf größerer Distanz mit dir verbunden ist. Dazu schickst du dein Pferd wie beim Longieren mit Energie und einer Handbewegung in eine Richtung los, nur dass du jetzt kein Seil mehr als Verbindung hast. Arbeite unbedingt in einem Roundpen oder einem abgesteckten Bereich. Schicke dein Pferd im Schritt los, indem du Energie mit deinem Oberkörper in die Richtung gibst, in die es gehen soll. Dann gibst du ihm wieder die Verantwortung, die Gangart zu halten. Achte darauf, dass du nicht ständig treibend hinter ihm herläufst. Je weniger Körpersprache du brauchst, um dein Pferd loszuschicken, die Gangart zu wechseln oder anzuhalten, desto besser. Hält dein Pferd die Richtung, in die du es geschickt hast? Wunderbar, dann kannst du mit Übergängen zwischen den Gangarten starten.

Beim freien Longieren kannst du auch prüfen, wie gut und fließend dein Pferd sich in den Gangarten schalten lässt und wie fein es dabei auf dich reagiert. Hast du das Gefühl, dass ganz kleine Signale reichen, um die Gangart zu erhöhen oder durchzuparieren? Wunderbar, dann kannst du es zwischendurch immer wieder zu dir in die Mitte einladen und abrufen. Bei dir bekommt es dann wie gewohnt seine Pause.

### Was tun, wenn das Pferd mal verloren geht?

Falls sich dein Pferd doch mal von dir abwendet und seinen eigenen Weg geht – keine Panik, das kommt in der besten Beziehung vor. Mal liegt ein Missverständnis vor, mal hat das Pferd eine eigene Idee. Manchmal erlangt man den Fokus vom Pferd zurück, indem man auf seine Hinterhand zugeht. Nutzt dies nichts, nimm es einfach wieder ans Seil und arbeite an den Basics.

1

*Um den Fokus vom Pferd zurückzuholen, kannst du auf die Hinterhand zugehen.*

2

*Wallys Fokus ist wieder bei seinem Menschen.*

*Wally kreuzt die Hinterbeine und wendet nach innen ab.*

## Handwechsel

Sobald du in Sachen Richtung, Gangart und Tempo fein mit deinem Pferd kommunizierst, kannst du beim Zirkeln auch Handwechsel versuchen. Dazu rufst du dein Pferd in die Mitte, und sobald es frontal zu dir kommt, wechselst du die Gerte und schickst die neue innere Schulter weg auf die neue Hand. Dein Pferd sollte in die neue Richtung wenden. Beginne mit den freien Handwechseln zunächst im Schritt und wechsle erst in den Trab, wenn es im Schritt flüssig klappt.

## Freies Seitwärtsweichen

Das freie Seitwärtsweichen gehört zu den Königsdisziplinen der Freiarbeit. Es gelingt nur, wenn sich dein Pferd freiwillig nach innen stellt. Sonst kann es schnell passieren, dass es von dir wegdenkt und sich wegbewegt. Beim freien Seitwärts stehst du auf Höhe der Schenkellage und schickst dein Pferd mit Gertenbewegungen Richtung Pferdebauch zur Seite. Verlange anfangs nur ganz wenig Seitwärtsbewegung und belohne dein Pferd nach wenigen Tritten mit einer Pause.

## Einparken und Seitwärtsholen

Das Einparken und Seitwärtsholen haben wir ja bereits in Kapitel 3 am Seil vorbereitet. Jetzt kannst du es ohne Seil versuchen: Zum Einparken bleibst du selbst auf Schulterhöhe deines Pferdes stehen und holst es einen Schritt zu dir, indem du den Oberkörper etwas zurücknimmst und es mit deinem Bauchnabel ansaugst. Anfangs hilft es, wenn du die Gerte anhebst, später reicht meistens die Hand. Sobald es bei dir eingeparkt hat, lobst du es und gibst ihm eine Pause.

Soll dein Pferd wie auf den Fotos auf der nächsten Seite nach links im Seitwärts folgen, setzt du dich beim Einparken rückwärts in Bewegung. Dazu nimmst du deine Gerte in die rechte Hand, stehst etwa auf Schulterhöhe, saugst dein Pferd mit deinem Bauchnabel an und gehst rückwärts. Kommt es zu sehr mit der Schulter gegen dich, kannst du es mit deiner linken Hand begrenzen. Kommt es zu viel mit der Hinterhand, begrenzt du diese mit der Gerte. Kommt es zu wenig, kannst du deine Gerte über dem Pferderücken einsetzen.

*Um das Pferd bei dir einzuparken, hebst du die Gerte an.*

*Meine linke Hand verhindert, dass Wally zu stark mit der Schulter kommt.*

*Aus dem Einparken kannst du ein Seitwärts entwickeln, indem du selbst rückwärts weiterläufst.*

Falls es noch nicht klappt, solltest du noch mal die Vorübungen aus Kapitel 3 am Seil festigen und das Seil erst lösen, wenn es durchhängt und du es gar nicht mehr brauchst.

Noch mehr zu meiner Arbeit und meinen Übungen mit meinen Pferden findest du auch auf meiner Website, deren Link hinten im Buch angegeben ist.

*Freiarbeit mit mehreren Pferden gleichzeitig: Duke und Wally zirkeln um Sparky.*

# TRICKTRAINING

Unter Tricktraining verstehe ich Zirkuslektionen wie den Spanischen Schritt oder das Kompliment, aber auch einfache Tricks wie das Jasagen oder Kopfnicken.

Tricktraining ist eine tolle Möglichkeit, eine gute Beziehung zum Pferd aufzubauen, das Pferd besser kennenzulernen und die gemeinsame Zeit abwechslungsreich zu gestalten. Durch Tricktraining lernt man auch, wie man die Pferde am besten motiviert. Es verfeinert die Kommunikation zwischen Pferd und Mensch. Tricktraining eignet sich für alle Pferde. Es gibt Tricks wie das Lachen, Jasagen oder Apportieren, für die sich dein Pferd nicht mal groß bewegen muss. Mit solchen Tricks kannst du dein Pferd auch bei Boxenruhe kopfmäßig beschäftigen.

Für Sportpferde ist das Tricktraining eine tolle Alternative zum normalen Reittraining. Egal ob schwerer Kaltblüter, großes Warmblut oder kleines Minishetty: Jedes Pferd kann Tricks lernen – allerdings ist es wichtig, auf die Persönlichkeit des Pferdes einzugehen. Jedes Pferd lernt auf verschiedene Art und Weise und unterschiedlich schnell. Neben der Psyche sind auch die körperlichen Voraussetzungen wichtig: Nicht jedes Pferd hat Talent für jeden Trick, und deshalb – finde ich – muss auch nicht jedes Pferd jeden Trick lernen. Ich fördere meine Pferde immer nach individuellen Stärken. Zirkuslektionen und Tricks leiten sich aus natürlichen Bewegungen ab, die durch Kommandos jederzeit abrufbar, kontrollierbar und auch abstellbar sind.

## Equipment beim Tricktraining

Um die Pferde an Tricks zu gewöhnen, arbeite ich anfangs am liebsten mit Knotenhalfter und Bodenarbeitsseil, es reicht auch ein einfaches Stallhalfter mit Führstrick. Es ist immer gut, eine kleine Gerte und Leckerlis zur Belohnung dabei zu haben. Später, wenn die Pferde die Tricks erlernt haben, kann man Halfter und Seil auch weglassen. Für den Lernprozess finde ich diese Trainingshelfer aber sehr sinnvoll, weil man den Pferden damit eine Hilfestellung geben kann.

## Belohnung beim Tricktraining

Auch beim Tricktraining nutze ich positive Verstärkung, lobe mit Stimme und Streicheln und nutze Pausen. Allerdings setze ich hier als Belohnung zusätzlich meine extrakleinen Leckerlis ein. In der Lernphase des Tricktrainings finde ich es sehr sinnvoll, mit Leckerlis zu arbeiten, da die Pferde so deutlich schneller lernen. Das Training mit Leckerlis hat aber auch seine Tücken. Wenn man mit Leckerlis arbeitet, ist eine konsequente Handhabung sehr wichtig, damit die Pferde nicht dauerhaft betteln. Leckerlis bekommt das Pferd nur, wenn ein gewünschtes Verhalten oder ein Trick gezeigt wird, und nicht dann, wenn das Pferd einfach von sich aus immer wieder Tricks anbietet, um Leckerlis abzustauben. Im Laufe der Zeit stelle ich meine Signale immer mehr auf Gertensignale um und reduziere die Futterbelohnung. Später belohne ich die Pferde hauptsächlich durch meine Stimme, Streicheln und Pausen. Es ist sehr wichtig, zum richtigen Zeitpunkt zu loben, damit das Pferd genau versteht, wann es etwas richtig gemacht hat. Ein verspätetes Lob hat keinen Effekt mehr, deshalb ist es so wichtig, dass die Belohnung innerhalb weniger Sekunden nach dem Lobkommando kommt, damit es verknüpft wird.

Leider gibt es auch heute noch viele Trainer, die ihre Pferde mit Druck und Strafe trainieren. So sehe ich häufig Trainer, die ihre Pferde beispielsweise bereits in der ersten Einheit mit einer Beinlonge ins Liegen zwingen. So etwas lehne ich strikt ab. Eine richtig eingesetzte Beinlonge ist prinzipiell nichts Schlechtes, sie darf nur auf keinen Fall als Zwangsmittel eingesetzt werden. Durch zwanghafte Trainingswege verliert man schnell das Vertrauen seines Pferdes, und es kommt häufiger zu Unfällen. Es gibt aber natürlich auch mal bei mir Momente, in denen ich durchgreife. Negative Verstärkung oder eine Korrektur sind in meinen Augen nötig, wenn das Pferd die eigene Sicherheit gefährdet. Hierzu zählen für mich unerwünschtes Steigen, das Umrennen oder Treten nach Menschen. Diese Verhaltensweisen sind in meinen Augen auf jeden Fall sofort zu unterbinden.

> Ich möchte durch das Tricktraining das Vertrauen meiner Pferde gewinnen und aufbauen, der Spaß steht im Tricktraining für mich im Vordergrund!

## Positive Effekte des Tricktrainings

Zirzensische Übungen fördern Köpfchen und Körper gleichermaßen. Neben der erhöhten Lernfähigkeit bringen sie dem Pferd viele körperliche Vorteile und haben sogar einen gymnastischen Effekt. Zirkuslektionen wie das Sitzen, Liegen, der Spin und das Steigen trainieren beispielsweise die Muskulatur der Hinterhand. Lektionen wie der Spanische Schritt oder der Spanische Gruß verbessern die Schulterfreiheit, und die Pferde dehnen sich. Das fördert wiederum Balance und Gleichgewicht. Auch das Podesttraining hat einen gymnastischen Effekt.

Das Tricktraining bringt aber nicht nur dem Körper Vorteile, sondern auch der Psyche. Die Pferde werden aufgeschlossener, motivierter und orientieren sich mehr an ihrem Menschen. Viele Pferde blühen durchs Tricktraining auf und werden dadurch auch unter dem Sattel motivierter. Es bringt auf jeden Fall viel Abwechslung in den Trainingsalltag.

*Wichtig:*

Bevor man mit dem Tricktraining anfängt, ist es wichtig, genau zu wissen, was man möchte, um ein klares Bild von der Übung im Kopf zu haben! Eine gute Basis am Boden ist die Voraussetzung, um Tricks zu lernen, hier helfen dir die Übungen, die wir in Kapitel 3 gemacht haben. Je besser sich dein Pferd von dir in alle Richtungen bewegen lässt, desto leichter werden ihm auch Tricks fallen. Außerdem solltest du dein Pferd immer gut aufwärmen, bevor du mit Zirkuslektionen startest, bei denen dein Pferd viel Kraft braucht oder sich dehnen muss. Achte auch unbedingt auf deine eigene Sicherheit, trage stabiles Schuhwerk und geeignete Kleidung.

## Wie beginnt man mit dem Tricktraining?

Einfache Tricks wie das Apportieren oder das Flehmen sind ideal für den Einstieg. Sie erfordern kaum Vorkenntnisse und sind leicht zu lernen. Danach kann man mit den Lektionen »nach unten« weitermachen. Hierzu zählen das Kompliment, Knien oder auch das Liegen. Die Lektionen »nach oben« fördern das Selbstbewusstsein des Pferdes und sollten daher sehr bewusst und nicht leichtsinnig beigebracht werden. Sie könnten sonst schnell eine Gefahr darstellen. Zu den Lektionen nach oben zählt unter anderem der Spanische Schritt und das Steigen. Ich beschränke mich hier in meinem Buch auf die einfachen Tricks wie Lachen, Jasagen, Apportieren und das Podest.

## Apportieren für flinke Mundwerke

Das Apportieren ist ideal für den Einstieg. Dein Pferd nimmt gerne Dinge ins Maul, schleppt Stricke umher oder schleudert Halfter durch die Stallgasse? Dann hat es bestimmt Lust dazu, diesen Trick zu lernen. Hier nimmt das Pferd ein Objekt in sein Maul und bringt es dir. Bei dieser Übung steht der Spaß im Vordergrund. Das Apportieren ist mit verschiedenen Gegenständen möglich – für den Anfang eignet sich am besten ein Tuch. Für Pferde, die es nicht gerne nehmen, kann das Tuch mit Futter gefüllt werden. Meine Stimmkommandos für das Nehmen sind »Nimm« und fürs Loslassen »Gib«. Außerdem brauchst du jetzt Leckerli.

Ich nehme zunächst das Tuch (oder eine Gerte, eine Plastiklasche) und lasse das Pferd sich damit beschäftigen. Sobald es den Gegenstand ins

Maul nimmt, um ihn zu untersuchen, sage ich mehrmals »Nimm«. Zu Beginn belohne ich sehr kleinschrittig und bestätige das Pferd schon, wenn es das Maul öffnet und einmal kurz reinbeißt. Anfangs habe ich den Gegenstand in der Hand, später lasse ich das Pferd den Gegenstand vom Boden aus aufheben.

Ich baue das Apportieren als sogenanntes Tauschgeschäft auf. Nimmt das Pferd meinen gewünschten Gegenstand ins Maul, lässt ihn aber gleich wieder fallen, belohne ich es trotzdem sofort mit einem Leckerli. Bei Pferden, die nicht direkt etwas ins Maul nehmen, belohne ich zunächst die Berührung meines Gegenstands. Jeder kleine Schritt wird direkt positiv verstärkt – hier ist also genaues Timing gefragt. Außerdem

*Smartie hat gelernt, eine Plastikfalsche zu apportieren.*

ist es wichtig, die Übung gerade am Anfang nicht zu oft zu wiederholen, damit das Pferd sich nicht langweilt.

Sobald das Pferd gelernt hat, den Gegenstand ins Maul zu nehmen, lege ich ihn auf den Boden mit dem Ziel, dass das Pferd ihn aufhebt und mir gibt. Hierzu bücke ich mich und gebe wieder das Kommando »Nimm«. Ich belohne das Pferd, sobald es den Gegenstand aufhebt, danach wird »Gib« konditioniert, damit das Pferd den Gegenstand zur richtigen Zeit loslässt. Meistens entwickelt es sich im Training von allein, dass das Pferd den Gegenstand länger im Maul behält, dann kannst du das Kommando »Gib« etablieren. Du sagst »Gib«, sobald es den Gegenstand fallen lässt. Sobald dein Pferd einen Gegenstand aufheben und dir geben kann, kannst du den Abstand etwas vergrößern, sodass das Pferd einen Schritt nach vorne machen muss, um dir den Gegenstand zu geben. Das Apportieren ist ein Trick, der Mensch und Pferd super viel Spaß bereitet!

## Lach doch mal!

Das Schöne am »Lachen« ist, dass es wirklich jedes Pferd erlernen kann, weil es sich aus dem Flehmen ableitet. Es ist eine natürliche Verhaltensweise, die jedes Pferd beherrscht – egal ob jung oder alt. Es ist ein Trick zur Unterhaltung, der zum Beispiel auch für verletzte Pferde eine tolle Beschäftigungsmöglichkeit darstellt. Ich habe Sparky mit diesem Trick beschäftigt, als er sich während seiner Verletzungspause schonen musste. Er ist körperlich nicht anstrengend, weil das Pferd einfach nur seine Lippe heben muss. Als Kommando hebe ich meinen Zeigefinger und sage »Smile«.

*Ob Pferd oder Pony – Lachen kann man allen beibringen. Auch Paquito kann das Kommando.*

*Wally hat gelernt, aufs Antippen mit dem Zeigefinger die Oberlippe zu heben.*

*Später klappt es auch aus der Entfernung auf Heben des Fingers.*

Ich tippe das Pferd also mit meinem Zeigefinger an der Lippe an und belohne jede kleine Bewegung der Lippe nach oben. Manchmal hilft es auch, wenn man die Belohnung etwas oberhalb der Lippe anbietet, dann heben die Pferde automatisch die Oberlippe, um dranzukommen. Ich gebe immer erst das Stimmkommando, dann tippe ich die Oberlippe an, und dann zeige ich die Belohnung. Sobald das einige Male gut geklappt hat, beende ich das Training für diese Einheit. Da Tricktraining eine hohe Konzentration vom Pferd erfordert, solltest du nur in kurzen Einheiten von höchstens 15 Minuten üben. Lieber jeden Tag ein bisschen als einmal lange.

Diesen Trick lernen Pferde sehr schnell und leicht. Sobald sie verstanden haben, dass sie ihre Oberlippe heben sollen, vergrößere ich die Distanz und die Abstände der Belohnung, damit die Pferde die Lippe immer länger anheben. Eine weitere Möglichkeit ist, Düfte einzusetzen, durch die das Pferd das natürliche Flehmen zeigt, und dieses dann positiv zu verstärken.

## Kannst du »Ja« sagen?

Das Jasagen ist ein weiterer einfacher Trick für den Anfang, weil das Pferd dazu einfach nur nicken muss. Mein Kommando hierfür ist ganz simpel »Yes«, und ich bewege meine Hand auf und ab. Zu Beginn trägt das Pferd Stallhalfter und Strick. Ich stehe schräg vor dem Pferd habe eine Gerte dabei. In der Hand habe ich ein Leckerli, lasse das Pferd daran schnuppern und bewege meine Hand dann auf und ab. Folgt das Pferd nach oben, gebe ich direkt mein Stimmkommando »Yes« und lobe es mit der Stimme. Ich belohne jede Bewegung in die richtige Richtung.

*Beim Ja-Sagen lernt das Pferd dem Leckerli nach oben …*

*… und nach unten zu folgen.*

## Das Podest für Körper und Köpfchen

Das Podest ist eine tolle Übung, die viel Abwechslung ins Training bringt. Bei schüchternen Pferden kann das Training mit dem Podest das Selbstbewusstsein steigern. Es ist eine tolle Übung für den Anfang. Zunächst benötigt man ein stabiles und rutschfestes Podest. Ein Podest kann auch selbst gebaut werden, allerdings muss es wirklich stabil genug sein, um das Pferdegewicht auszuhalten.

Im Gegensatz zum Lachen, Apportieren und Jasagen ist das Podesttraining Gymnastik pur. Wenn dein Pferd auf ein Podest steigt, muss es Kraft aufwenden. Beim Aufsteigen muss es sich mit einem Vorderbein abstützen und hochstemmen. Je höher das Podest, desto anstrengender ist es, deshalb anfangs eher niedrig beginnen. Steht dein Pferd mit beiden Beinen darauf, müssen die Hinterbeine viel Gewicht tragen. Achte darauf, dass dein Pferd mal zuerst mit dem linken und mal zuerst mit dem rechten Bein aufsteigt, damit es beide Seiten gleichmäßig trainiert.

Schafft es dein Pferd sogar mit allen vier Hufen? Wunderbar, vor allem, wenn es dazu seine Hinterhufe mehr unter den Schwerpunkt setzen muss. Je kleiner das Podest und je größer dein Pferd, desto schwieriger wird es. Je näher die Vorder- und die Hinterbeine aneinander stehen, desto anstrengender wird es für die Bauchmuskeln. Diese Übung ist ohne Podest auch als Bergziege bekannt. Steht dein Pferd mit allen vieren auf dem Podest, dann achte darauf, dass es den Kopf absenkt, dann entsteht ein positiver Spannungsbogen im Oberhals und im Pferderücken. Podesttraining mit allen vier Hufen stärkt den ganzen Rumpf. Das ist besonders wichtig, um Reitergewicht verschleißfrei tragen zu können. Dein Pferd muss dazu aber nicht nur seine Muskeln nutzen, sondern sich auch ausbalancieren können. Vor allem der Moment, in dem das Pferd die Hufe einzeln platzieren und wahrnehmen muss, stärkt das Gleichgewicht und die Koordination. Stehen nur die Hinterbeine auf dem Podest, nimmt das Pferd seine Hinterhand gut wahr.

Man sollte das Pferd langsam an das Podest gewöhnen. Ich zeige meinen Pferden das Podest zunächst und führe sie erst mal in einem Bogen drum herum. Wenn die Pferde keine Angst haben, verringere ich den Abstand. Sobald das Pferd sich mit dem Podest beschäftigt und in die Richtung schaut, belohne ich es. Auch das Schnuppern am Podest wird belohnt. Sobald das Pferd ruhig neben dem Podest steht, beginne ich, ein Bein mit der Gerte zu touchieren, damit es das Bein aufs Podest stellt. Sind die Pferde noch nicht mit dem Touchieren vertraut, hebe ich zunächst ein Bein auf das Podest. Sobald das Pferd das Bein hebt, wird es belohnt. Wichtig ist auch hier, nichts zu überstürzen, die Übung ist für Pferde anstrengend und darf nicht unterschätzt werden!

Viele Pferd untersuchen das Podest und klopfen mit dem Huf darauf. Lass das unbedingt zu, denn dein Pferd testet, ob der neue Untergrund nachgibt oder fest ist. Lass dein Pferd ruhig ein wenig experimentieren und selbstständig darüber nachdenken.

Sobald das Pferd sicher und ruhig mit einem Bein auf dem Podest steht, frage ich nach dem zweiten Bein, touchiere es mit der Gerte und gebe dem Pferd einen Vorwärtsimpuls am Halfter. Jeder Schritt in die richtige Richtung wird belohnt, und schon bald wird das Pferd mit beiden

*Duke hat bereits gelernt, mit allen vieren auf dem Podest zu stehen.*

Vorderbeinen auf dem Podest stehen. Die Übung ist auch ein ideales Stretching für die Vorhand deines Pferdes. Sind die Pferde erst mal mit dem Podest vertraut, werden sie es lieben – darauf haben sie nämlich einen super Überblick.

Steht dein Pferd ruhig und sicher mit den Vorderbeinen auf dem Podest, kannst du den Schwierigkeitsgrad erhöhen und es mit der Hinterhand um die Vorhand wenden lassen – dabei bleiben die Vorderbeine auf dem Podest, die Hinterbeine am Boden.

Dein Pferd steht sicher und gerne mit zwei Beinen auf dem Podest? Dann kannst du es motivieren, mit allen vier Beinen darauf zu stehen. Es gibt mehrere Wege, wie du das erarbeiten kannst. Wenn sich dein Pferd gut durch Körpersprache schicken lässt, kannst du dich auf Schulterhöhe deines Pferdes stellen und es Stück für Stück nach vorne bitten, indem du deinen Oberkörper treibend nach vorne bringst und die Gerte anhebst. Falls es darauf nicht reagiert, kannst du mit deiner Seilhand sanften Zug nach vorne bringen und nachgeben, sobald es probiert, die Hinterbeine zu bewegen. Reagiert es immer noch nicht, kannst du es mit der Gerte an der Hinterhand antippen. Manchen Pferden hilft es, wenn du ein Hinterbein mit der Hand anhebst und daraufsetzt. Es ist ganz normal, dass es viele Versuche braucht, bis dein Pferd alle vier Beine auf dem Podest hat. Löse die Übung anfangs schnell wieder auf, denn die Pferde können sie noch nicht länger halten, weil sie enorme Kraft und Balance von ihnen verlangt.

# SEID FREI UND TRAUT EUCH!

In meinem Buch habt ihr Kapitel für Kapitel einen Leitfaden bekommen, wie ihr euer Training für die Freiarbeit aufbauen könnt. Ich habe euch hier meinen Weg vorgestellt, den ich über Jahre erarbeitet und für euch in viele kleine Teilschritte zerlegt habe. Wichtig ist mir, dass der Spaß und die Beziehung zu eurem Pferd im Vordergrund stehen. Wenn mal was nicht klappt, dann ist das kein Beinbruch. Geht einen Schritt zurück und beendet die Einheit mit einer Übung, die das Pferd sicher beherrscht, damit es mit einem guten Gefühl aus dem Training gehen darf. Auch Profis, die auf einem hohen Level trainieren, gehen immer wieder zu den Basics zurück und verfeinern diese. Achtet darauf, dass sich euer Pferd beim Training wohlfühlt, genügend Pausen bekommt, und trainiert nicht zu lange. Freiarbeit und Tricktraining sollen euer Pferd motivieren, nicht ermüden. Ich hoffe, ihr könnt viel in das Training mit eurem Pferd mitnehmen und die Beziehung zu ihm verbessern.

Viel Spaß beim Training!

Eure Julia ♡

# Infoteil

# ÜBER DIE AUTORIN

*Julia* ist selbstständige Pferdetrainerin und mit Pferden und Ponys groß geworden. Nachdem sie mit dem Dressurreitsport begonnen hatte, entschied sie sich früh für das Westernreiten und startete 2017 sogar für das deutsche U21-Reining-Team bei der Weltmeisterschaft. Seit vielen Jahren trainiert sie ihre Pferde und Ponys in der Freiarbeit und tritt mit ihnen regelmäßig bei Shows auf oder wird für Dreharbeiten gebucht. Julia lebt mit ihren Tieren auf einem Hof in Bayern.

# MEHR ÜBER MICH

Wenn du noch mehr über mich, meine Pferde, mein Training oder unsere Ponyzucht und -haltung erfahren möchtest, schau gerne bei den unten stehenden Websites vorbei:

**https://libertyhorses.de**

**https://minipferd.de**

**https://steinbrechers.shop/**

# Meine Notizen

Hier hast du Platz für Notizen, Infos und Tipps oder um wichtige Lernfortschritte und -erfolge bei der Arbeit mit deinem Pferd zu notieren.

## Meine Notizen

## Meine Notizen

## Meine Notizen

## Meine Notizen

# INDEX

# BILDNACHWEIS

## Kapitel 1

Corrie Fuhr ArtnLight Photography: 16

Kristina Pfeuffer: 24, 25

Privat: 14, 15

Tamara Harbalis: 10-11, 12, 19-23, 26-28, 30-33, 35, 37, 39, 42

## Kapitel 2

Tamara Harbalis: Alle Fotos in diesem Kapitel

## Kapitel 3

Kristina Pfeuffer: 131

Tamara Harbalis: 86-87, 91, 94, 97, 101, 103-105, 107-116, 119, 121-122, 124-127

## Kapitel 4

Kristina Pfeuffer: 152, 170

Tamara Harbalis: 132-133, 135, 138, 140, 142-145, 147-148, 150-151, 158, 160-162, 164, 167

## Infoteil

Tamara Harbalis: Alle Fotos in diesem Kapitel

**Bibliografische Information der Deutschen Nationalbibliothek**
Die Deutsche Nationalbibliothek verzeichnet diese Publikation in der Deutschen Nationalbibliografie. Detaillierte bibliografische Daten sind im Internet über https://dnb.de abrufbar.

**Für Fragen und Anregungen**
info@m-vg.de

**Wichtiger Hinweis**
Ausschließlich zum Zweck der besseren Lesbarkeit wurde auf eine genderspezifische Schreibweise sowie eine Mehrfachbezeichnung verzichtet. Alle personenbezogenen Bezeichnungen sind somit geschlechtsneutral zu verstehen.

**Hinweis**
Das vorliegende Buch wurde sorgfältig erarbeitet. Dennoch erfolgen alle Angaben ohne Gewähr. Weder der Autor noch der Verlag oder alle an diesem Buch direkt oder indirekt beteiligten Personen können für eventuelle Nachteile oder Schäden, die aus den im Buch dargestellten Übungen entstehen können, eine Haftung übernehmen. In diesem Buch sind Reiter ohne splittersicheren Kopfschutz abgebildet. Dies ist nicht zur Nachahmung zu empfehlen!

Originalausgabe
2. Auflage 2025

Türkenstraße 89
80799 München
Tel.: 089 651285-0
Fax: 089 652096



Redaktion: Almut Schmidt
Umschlaggestaltung: Karina Braun
Umschlagabbildungen: Kristina Pfeuffer
Layout: Karina Braun
Satz: Andreas Linnemann, Verena Koch
Druck: Florjancic Tisk d.o.o., Slowenien
Printed in the EU

ISBN Print 978-3-7423-2466-5
ISBN E-Book (EPUB, Mobi) 978-3-7453-2236-1

Wir produzieren nachhaltig
www.m-vg.de

Weitere Informationen zum Verlag finden Sie unter
**www.rivaverlag.de**
Beachten Sie auch unsere weiteren Verlage unter www.m-vg.de